普通高等教育新工科电子信息类系列教材

微处理器与接口技术

刘震宇　赖　峻　主编

西安电子科技大学出版社

内 容 简 介

本书是电子信息等专业"微处理器与接口技术"课程的教材。全书共 13 章,包括微处理器基础、8088/8086 架构、8088/8086 指令系统及程序设计、存储器系统、接口和中断技术、可编程接口设计、80C51 架构、80C51 指令系统、80C51 程序设计、80C51 的并行 I/O 接口、80C51 的中断与定时/计数器、80C51 的串行接口设计和 80C51 的模拟量接口。

本书具有一定的理论性和系统性,对典型的微处理器架构进行了介绍和对比,对常用接口的设计方法进行了分析和说明。同时,本书注重实践性,对应用案例的电路设计和编程实现进行了讲解,内容由浅入深,具有一定的启发性。

本书可作为高等学校电子、信息、通信、自动化及计算机等相关专业的教材,也可作为工程技术人员的参考书。

图书在版编目(CIP)数据

微处理器与接口技术 / 刘震宇,赖峻主编. —西安:西安电子科技大学出版社,
2022.4(2022.8 重印)
ISBN 978 - 7 - 5606 - 6380 - 7

Ⅰ. ①微…　Ⅱ. ①刘… ②赖…　Ⅲ. ①微处理器—接口技术—高等学校—教材
Ⅳ. ①TP332

中国版本图书馆 CIP 数据核字(2022)第 043268 号

策　　划　明政珠
责任编辑　雷鸿俊
出版发行　西安电子科技大学出版社(西安市太白南路 2 号)
电　　话　(029)88202421　88201467　　　　邮　编　710071
网　　址　www.xduph.com　　　　　　　电子邮箱　xdupfxb001@163.com
经　　销　新华书店
印刷单位　咸阳华盛印务有限责任公司
版　　次　2022 年 4 月第 1 版　2022 年 8 月第 3 次印刷
开　　本　787 毫米×1092 毫米　1/16　印张　14
字　　数　324 千字
印　　数　1101~4100 册
定　　价　35.00 元
ISBN 978 - 7 - 5606 - 6380 - 7 / TP

XDUP 6682001 - 3

＊＊＊ 如有印装问题可调换 ＊＊＊

前　言

　　微处理器是电子、信息、通信、自动控制等系统的核心，其应用覆盖了电子设备和产品的多个方面，应用范围越来越广泛。多年来微处理器技术取得了突飞猛进的发展，但仍以冯·诺依曼架构和哈佛架构为主。基于这两类架构以及各种应用的需要，出现了许多应用于不同领域的微处理器芯片。本书以冯·诺依曼架构中的经典芯片8088/8086和哈佛架构中的经典芯片80C51为重点，由浅入深、循序渐进地介绍了微处理器系统的设计及应用实践。

　　在以往高等院校电子信息等专业的本科教学中，对以8088/8086为主的微型计算机原理及以80C51为主的单片机应用等课程都非常重视，需要较多的课时进行理论学习和实践探索。随着近年来教学理念的发展，逐渐出现了一些对微处理器及接口类课程的创新尝试。但是，由于微处理器的知识点较多，微处理器类课程之间的关联衔接不够紧密等，造成了理论和实践较难兼顾的问题。因此，基于培养具有扎实的理论基础，并且具备良好的系统设计能力的新工科人才的理念，本书在编写时考虑了三个方面：首先，深化两种架构及典型芯片之间的关联，既介绍冯·诺依曼架构和哈佛架构及相关芯片的主要特点，又力求说明两类架构及系统设计的不同之处，避免知识点的混淆；其次，优化常用接口设计内容，采用某一种架构的微处理器讲解接口的基本概念和设计方法，减少两类微处理器系统设计中相似内容的重复，删减不常用接口设计内容，提高教学效率；最后，强化理论与实践的结合，提供综合性较高的应用实例，既对实例的要求进行理论分析和讲解，又对硬件设计和软件编程的思路进行说明，培养知识运用能力，避免死记硬背。因此，本书是一本深浅适度、重视能力培养的教材。通过对本书的学习，读者不仅能掌握两种微处理器架构的特点，还能培养和提高电子设备及产品开发能力。

　　为了让初学者能够快速掌握微处理器的理论和接口设计的方法，作者结合多年的教学、科研和实践经验，经过精心策划编写了本书。本书共13章，包括8088/8086和80C51两类芯片的架构介绍、两类指令系统说明和编译过程讲解、存储器系统的设计、中断的基本概念和设计方法、定时/计数器的硬件设计和软件编程方法、并行接口扩展设计以及数模/模数转换接口设计等内容。

本书作者为广东工业大学的一线教师。本书在编写的过程中得到了广东工业大学信息工程学院领导和其他老师的大力支持，尤其是得到了原玲副院长、李优新副教授、乐金松老师、罗思杰老师以及微处理器与接口技术课程组全体教师的鼎力帮助。此外，本书还得到了广东工业大学教务处的大力支持，以及伍卓丰、黎松毅、王梓斌和黄淑婷四位同学的协助，在此一并表示衷心的感谢！

希望本书能使读者学有所得。由于作者水平有限，书中可能还存不当之处，欢迎广大同行和读者批评指正。

刘震宇

2021 年 12 月

于广东工业大学

目　　录

第 1 章　微处理器基础

　　本章首先介绍微处理器的构成以及经典微处理器架构的特点，对 8088/8086 和 80C51 微处理器的结构建立初步的认知；然后对数制表示、数制转换、算术运算和逻辑运算等内容进行讲解。因为微处理器中的数是用二进制表示的，而二进制数比较冗长，所以也会用十六进制数和十进制数表示。因此，在学习微处理器知识之前，需要了解这些计数制及其转换，掌握算术和逻辑运算方法。

1.1　微处理器架构

　　随着超大规模集成电路(Very Large Scale Integration Circuit，VLSI)技术的快速发展，芯片的集成度越来越高，在一个半导体芯片上就可以实现一个较为复杂的系统，其中具有运算和控制功能的集成电路器件被统称为"微处理器"，简称 CPU(Central Processing Unit)，其主要由运算器、控制器和寄存器组 3 个部分组成。

　　(1) 运算器：完成数据的算术和逻辑运算，核心部件是算术逻辑单元(Arithmetic Logical Unit，ALU)。ALU 有两个输入端和一个输出端，输出端与内部总线相连，将运算结果输出到内部寄存器或外部总线。

　　(2) 控制器：完成 CPU 的控制功能，包括指令控制、时序控制、总线控制和中断控制等。指令控制是最重要的部分，包括指令的读取、译码和执行等。

　　(3) 寄存器组：完成运算过程结果及状态的暂存功能，包括通用寄存器组和专用寄存器组。通用寄存器组用于暂存操作数和中间结果，专用寄存器组用于存储运算的状态。

　　微处理器的出现可追溯到 1971 年的第一片 4 位微处理器 4004，至今微处理器已经历了五十多年的快速发展。在此期间，涌现出 X86 系列微型计算机处理器、51 系列单片机处理器、ARM 系列嵌入式处理器等经典微处理器芯片，这些芯片在计算机系统、电子消费品、家电产品、工业控制、精密仪器、智能终端等领域产生了重要的影响。虽然微处理器芯片的种类繁多，应用广泛，但是其内部结构仍然基于冯·诺依曼和哈佛两种经典架构。

　　冯·诺依曼架构又称普林斯顿架构，存储程序的工作原理是该架构的核心思想，即将数据和指令表示成二进制形式，存储在具有记忆功能的存储器中，控制器按顺序从存储器中取出指令在运算器中执行算术运算或逻辑运算，因此，完成一条指令需要取指令、指令译码和执行指令 3 个步骤。所以，基于冯·诺依曼架构的微处理器系统硬件有运算器、控制器、存储器、输入设备和输出设备五大基础部件。在冯·诺依曼架构的微处理器系统中，数据和程序通过输入/输出部件加载到运行存储器(例如计算机中的内存等)中，然后微处理器对该存储系统进行统一管理，如图 1-1 所示。由于数据和指令在同一个存储空间中，因此，使用同一套数据地址总线与微处理器进行交互，数据和指令的处理无法重叠执行，影响了传输和处理的效率。

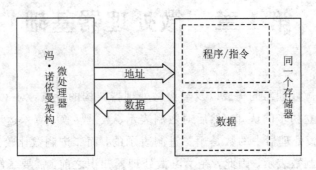

图 1-1　冯·诺依曼架构的微处理器系统

哈佛架构的微处理器系统如图 1-2 所示。在这个架构中，程序指令和数据分开存储在不同的存储器中，例如用 ROM 作为程序存储器，用 RAM 作为数据存储器。这两种存储器独立编址、独立访问，执行过程中可以预读取下一条指令，从而解决取指令和取数据的冲突问题。由于这种架构中多了一种存储器和一套总线，因此其硬件成本和设计复杂度都会增加。

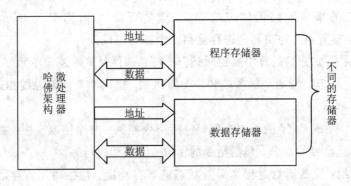

图 1-2　哈佛架构的微处理器系统

由于冯·诺依曼架构实现简单，因此在微处理器发展的早期成为主流架构，典型代表是 X86 系列微处理器。目前，Intel 和 AMD 等公司的个人计算机和服务器的 CPU、三星和华为麒麟等 ARM Cortex-A 系列的嵌入式芯片都采用冯·诺依曼架构。本书讲解的 8088/8086 微处理器采用了冯·诺依曼架构。由于哈佛架构比较复杂，对外围设备的处理要求较高，因此在早期难以采用。但是随着微处理器技术的发展，特别是高速缓冲存储器(Cache)的出现，采用该体系架构的微处理器也大量出现，例如 Microchip 公司的 PIC 系列芯片、摩托罗拉公司的 MC68 系列芯片、Atmel 公司的 AVR 系列芯片和 TI 公司的 DSP 芯片等。在 ARM 系列嵌入式芯片中，ARM7 和 Cortex-A 采用冯·诺依曼架构，ARM9、ARM11 和 Cortex-M 采用哈佛架构。本书讲解的 51 系列微处理器的数据和指令存储器是分开的，总线采用分时复用，属于改进型哈佛架构，如图 1-3 所示。改进型哈佛架构仍然采用两个不同的存储器存放程序和数据，便于并行处理，合并了两套数据地址总线，只有一套公共的数据地址总线，采用分时复用的方法控制对数据和程序存储器的访问。

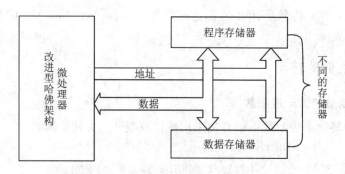

图 1-3 改进型哈佛架构的微处理器系统

1.2 数制表示及转换

在生活中,人们用各种计数方式表示事物的个数,从而形成了各种数制,最常用的是十进制。微处理器主要由开关元件组成,采用由 0 和 1 构成的二进制来表示数据和信息。因此,为了正确建立日常数据和微处理器处理数据的关系,需要先掌握数制表达及相互转换。

1.2.1 计数制

1. 计数制的概念

计数制是指用一组数码和统一的规则表示数值的方法,包括两个基本要素:基数和位权。任意进制数都可以用位权展开表示:

$$(R)_N = \sum_{i=1}^{m-1} R_i \times N^i = R_{m-1} \times N^{m-1} + R_{m-2} \times N^{m-2} + \cdots + R_0 \times N^0$$

式中,R_i 是 R 的第 i 位的数码,m 是整数的位数,N 为基数,N^i 为位权。其中,数码是计数制中表示数值大小的不同数字符号。例如,二进制有两个数码:0 和 1。基数是指数码的个数。例如,十进制的基数为 10,十六进制的基数为 16。位权是指计数制中某位为 1 所表示的数值。例如:十进制数 21 中,2 的位权为 10,1 的位权为 1;十六进制数 21 中,2 的位权为 16,1 的位权为 1。

【例 1-1】 十进制数 123 可表示为

$$(123)_{10} = 1 \times 10^2 + 2 \times 10^1 + 3 \times 10^0$$

2. 计数制表示

微处理器运算中常见的计数制及符号为:二进制 B(Binary)、八进制 O(Octal)、十进制 D(Decimal)和十六进制 H(Hexadecimal)。对于不同的数制,可以用后缀和下标两种表示方法。

(1)后缀表示法:用 B 表示二进制数,用 Q 表示八进制数,用 D 表示十进制数,用 H 表示十六进制数,如 1001B、234Q、789D 和 0F2H。需要注意:

① 当十六进制数的首字符为字母时,前面加数字 0;

② 没有后缀的数一般为十进制数。

（2）下标表示法：将数字用括号括起来，加以下标，如（1001）$_2$、（789）$_{10}$、（234）$_8$ 和 （0F2）$_{16}$。

1.2.2　数制之间的转换

1. 非十进制数转为十进制数

非十进制数转为十进制数可以直接采用按位权展开的方法。例如：

$$1001B = 1 \times 2^3 + 0 \times 2^2 + 0 \times 2^1 + 1 \times 2^0 = 9$$

$$0F2H = 15 \times 16^1 + 2 \times 16^0 = 242$$

2. 十进制数转为非十进制数

采用乘除法可以把十进制数转换为非十进制数，整数部分除非十进制数的数码取余，直到商是 0；小数部分乘非十进制数后取整数，直到积为整数。

【例 1-2】　把十进制数 100 转换为二进制数和十六进制数。

转为二进制数：

	商	余数	
100/2=	50	0	$a_0 = 0$
50/2=	25	0	$a_1 = 0$
25/2=	12	1	$a_2 = 1$
12/2=	6	0	$a_3 = 0$
6/2=	3	0	$a_4 = 0$
3/2=	1	1	$a_5 = 1$
1/2=	0	1	$a_6 = 1$

转换结果为 1100100B。

转为十六进制数：

	商	余数	
100/16=	6	4	$a_0 = 4$
6/16=	0	6	$a_1 = 6$

转换结果为 64H。

3. 非十进制数之间的转换

二进制和十六进制是常用的两种计数制。二进制数转为十六进制数的方法：对于二进制数的整数部分，从右向左，每 4 位二进制数用 1 位十六进制数表示，不足 4 位的在高位补 0；对于二进制数的小数部分，从左向右，每 4 位二进制数用 1 位十六进制数表示，不足 4 位的在低位补 0，如例 1-3 所示。

十六进制数转为二进制数的方法：把每位十六进制数用 4 位二进制数表示，如例 1-4 所示。

【例 1 - 3】 把 1100100B 转换为十六进制数。

$$1100100B = \underline{0110}\ \underline{0100}B = 64H$$

【例 1 - 4】 把 0F2H 转换为二进制数。

$$0F2H = \underline{1111}\ \underline{0010}B$$

4. 其他编码方式

在微处理器的使用中，有时需要保持常用的十进制数，因此，就出现了用二进制编码表示十进制数的方式，即每位十进制数用一个二进制数来表示，这种二一十进制编码称为 BCD(Binary-Coded Decimal)码或 8421 码。BCD 码又分为两种：压缩 BCD 码和非压缩 BCD 码。压缩 BCD 码用一个 4 位二进制数表示 1 位十进制数，非压缩 BCD 码用一个 8 位二进制数表示 1 位十进制数，其中低 4 位表示该十进制数，高 4 位补 0。

【例 1 - 5】 写出 $(34)_{10}$ 的压缩 BCD 码和非压缩 BCD 码。

压缩 BCD 码：$(00110100)_{BCD}$。

非压缩 BCD 码：$(0000001100000100)_{BCD}$。

微处理器不仅要处理数值，还要处理字母、符号等非数值信息，这些非数值信息都必须转换为二进制形式，即编码后才能被处理。目前常用的字符编码是 ASCII 码（American Standard Code for Information Interchange，美国信息交换标准代码），基本 ASCII 码用 7 位二进制数编码来表示，即总共表示 128 个字符。在字节中，ASCII 码存放在低 7 位，最高位为 0，例如数字 0~9 的 ASCII 码值是 30H~39H。

汉字字符的表达比英文字符更加复杂，常用汉字就有 6000 多个，汉字总数达 60 000 多个，至少要用 16 位的二进制数才能表示，因此，汉字字符用两个字节进行编码，如常用的 Unicode 编码。

1.3　算　术　运　算

在微处理器的数值运算中，要考虑数值的符号。数值的符号通常用二进制数的最高位来表示，0 表示正数，1 表示负数。将符号数值化的数通常称为机器数，原来的数值称为机器数的真值，机器数常用的表达方法有原码、反码和补码。由于数值的位数是有限的，因此在运算的时候，要注意机器数的表示范围，避免结果出错。

1. 原码

真值 X 的原码记为 $[X]_{原}$，其最高位为符号位，其余位为该数的绝对值。原码的表示范围为 $-(2^{n-1}-1) \sim (2^{n-1}-1)$。需要注意的是，原码中的 0 有两种表示方法，即 $+0$ 和 -0。

对于 8 位的二进制原码，表示范围是 $-127 \sim 127$，即只能表示 255 个整数，最小的整数为 $[-127]_{原} = 11111111$，最大的整数为 $[+127]_{原} = 01111111$。

【例 1 - 6】 写出 $(+21)_{10}$ 和 $(-21)_{10}$ 的补码。

因为 $(+21)_{10} = +0010101B$，所以 $[+21]_{原} = 00010101B$。

因为 $(-21)_{10} = -0010101B$，所以 $[-21]_{原} = 10010101B$。

原码表示法虽然简单直观，但是在微处理器进行加减运算时，需要对符号位进行判断，并且比较两数的绝对值大小,才能确定运算结果的符号,因此运算电路非常复杂。

2. 反码

真值 X 的反码记为 $[X]_{反}$,其最高位为符号位,对于正数,其余位为该数的真值,对于负数,其余位为真值的各位按位取反。反码的表示范围为 $-(2^{n-1}-1) \sim (2^{n-1}-1)$。反码中的 0 也有两种表示方法,即 $[+0]_{反}$ 和 $[-0]_{反}$。

对于 8 位的二进制补码,$[+0]_{反}=00000000$,$[-0]_{反}=11111111$,最小的整数为 $[-127]_{反}=10000000$,最大的整数为 $[+127]_{反}=01111111$。

【例 1-7】 写出 $(+21)_{10}$ 和 $(-21)_{10}$ 的反码。

因为

$$(+21)_{10}=+0010101B$$

所以

$$[+21]_{反}=00010101B$$

与例 1-6 比较,正数的反码与原码相同。

因为

$$(-21)_{10}=-0010101B$$

所以

$$[-21]_{反}=11101010B$$

3. 补码

真值 X 的补码记为 $[X]_{补}$,其最高位为符号位,对于正数,其余位为该数的真值,对于负数,其余位为真值的各位按位取反加 1。补码的表示范围为 $-2^{n-1} \sim (2^{n-1}-1)$,补码中的 0 只有一种表示方法。

对于 8 位的二进制补码,表示范围为 $-128 \sim 127$,共 256 个整数,最小的整数为 $[-128]_{补}=10000000$,最大的整数为 $[+127]_{补}=01111111$。

【例 1-8】 写出 $(+21)_{10}$ 和 $(-21)_{10}$ 的补码。

因为

$$(+21)_{10}=+0010101B$$

所以

$$[+21]_{补}=00010101B$$

与例 1-6 和例 1-7 比较,正数的补码、原码和反码都是一样的。

因为

$$(-21)_{10}=-0010101B$$

所以

$$[-21]_{补}=11101011B$$

在微处理器中,有符号数都用补码来表示,所以运算结果也用补码表示。

4. 有符号数的算术运算

在微处理器中,补码加法的运算规则是:

$$[X+Y]_{补}=[X]_{补}+[Y]_{补}$$

补码减法的运算规则是：

$$[X-Y]_{\text{补}}=[X]_{\text{补}}-[Y]_{\text{补}}=[X]_{\text{补}}+[-Y]_{\text{补}}$$

其中，X 和 Y 可以为正数或负数，符号位与数值位一样参与运算。

【例 1-9】　设 $X=+12$，$Y=-34$，求 $[X+Y]_{\text{补}}$。

因为

$$[X]_{\text{补}}=[+12]_{\text{补}}=(00001100)_2$$
$$[Y]_{\text{补}}=[-34]_{\text{补}}=(11011110)_2$$

所以

$$[X+Y]_{\text{补}}=[X]_{\text{补}}+[Y]_{\text{补}}=(00001100)_2+(11011110)_2=(11101010)_2=(-22)_{10}$$

【例 1-10】　设 $X=+12$，$Y=-34$，求 $[X-Y]_{\text{补}}$。

因为

$$[X]_{\text{补}}=[+12]_{\text{补}}=(00001100)_2$$
$$[-Y]_{\text{补}}=[34]_{\text{补}}=(00100010)_2$$

所以

$$[X-Y]_{\text{补}}=[X]_{\text{补}}+[-Y]_{\text{补}}$$
$$=(00001100)_2+(00100010)_2$$
$$=(00101110)_2=(46)_{10}。$$

5. 溢出判断

在进行算术运算时，对于无符号数，通常根据最高位是否向更高位产生进位或借位来判断运算结果是否超出了最大无符号数的表示范围。

对于有符号数，通常根据溢出来判断运算结果是否超出了补码表示的范围。例如，对于 8 位的有符号数，补码的表示范围为 $-128\sim127$，如果运算结果大于 127 或小于 -128，则该结果已经超出了 8 位有符号数的表示范围，因此产生了溢出，运算结果出错。

对于有符号数的溢出判断，通常需要分析次高位和最高位的进位情况，将运算中的次高位进位和最高位进位进行异或运算。如果异或结果为 1，则结果溢出；如果异或结果为 0，则没有产生溢出。例如，对于 8 位的有符号数进行算术运算，最高位进位用 C7 表示，次高位进位用 C6 表示，如果 $\text{C7}\oplus\text{C6}=1$，则运算结果溢出，否则，运算结果正常。

【例 1-11】　设两个无符号数 $X=72$，$Y=64$，求 $X+Y$。

因为

$$X=(72)_{10}=(01001000)_2$$
$$Y=(64)_{10}=(01000000)_2$$

所以

$$X+Y=(01001000)_2+(01000000)_2=(10001000)_2=(136)_{10}$$

由于最高位进位 C7 为 0，所以这两个无符号数运算没有超出表达范围。

【例 1-12】　设两个有符号数 $X=+72$，$Y=+64$，求 $X+Y$。

$$X=(72)_{10}=(01001000)_2$$
$$Y=(64)_{10}=(01000000)_2$$
$$[X+Y]_{\text{补}}=[X]_{\text{补}}+[Y]_{\text{补}}=(01001000)_2+(01000000)_2=(10001000)_2=(-8)_{10}$$

从运算结果分析，两个正数相加的结果不应为负数。在运算中，最高位的进位为 C7＝0，次高位的进位 C6＝1，因此，C7＋C6＝1。由此可见，这两个数相加产生了溢出，超出了 8 位补码表示的范围，所以运算结果不正确。

1.4　逻辑门器件基础

在微处理器系统设计中，经常用到一些逻辑门器件。这里将以应用为目的，对常用的逻辑门器件进行简单的介绍，重点了解引脚和逻辑功能，不深入说明器件的内部组成。本部分内容可以作为微处理器系统设计的参考资料。

1. 与门

与门可以有两个以上输入，当所有输入都为 1 时，与门输出为 1，如果其中有一个输入为 0，则与门输出为 0。与门的逻辑运算可以表示为 $Y = A \wedge B$，国标符号和真值表如图 1-4 和表 1-1 所示。

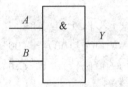

图 1-4　与门的国标符号

表 1-1　与门真值表

输入 A	输入 B	输出 Y
0	0	0
0	1	0
1	0	0
1	1	1

2. 或门

或门可以有两个以上输入，当所有输入都为 0 时，或门输出为 0，如果其中有一个输入为 1，则或门输出为 1。或门的逻辑运算可以表示为 $Y = A \vee B$，国标符号和真值表如图 1-5 和表 1-2 所示。

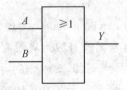

图 1-5　或门的国标符号

表 1-2 或门真值表

输入 A	输入 B	输出 Y
0	0	0
0	1	1
1	0	1
1	1	1

3. 非门

非门又称反相器，用于对输入进行求反运算。如果输入为高，则输出为低，反之亦然。非门的逻辑运算可以表示为 $Y=\overline{A}$，国标符号和真值表如图 1-6 和表 1-3 所示。

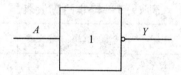

图 1-6 非门的国标符号

表 1-3 非门真值表

输入 A	输出 Y
0	1
1	0

4. 异或门

异或门是对两个输入进行异或运算。当输入相同时，异或门输出为 0；当输入不同时，异或门输出为 1。异或门的逻辑运算可以表示为 $Y=A\oplus B$，国标符号和真值表如图 1-7 和表 1-4 所示。

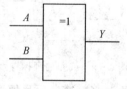

图 1-7 异或门的国标符号

表 1-4 异或门真值表

输入 A	输入 B	输出 Y
0	0	0
0	1	1
1	0	1
1	1	0

5. 与非门

与非门可以有两个以上输入，当所有输入都为 1 时，与非门输出为 0，如果其中有一个输入为 1，则与非门输出为 1。与非门的逻辑运算可以表示为 $Y = \overline{A \wedge B}$，国标符号和真值表如图 1-8 和表 1-5 所示。

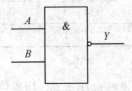

图 1-8　与非门的国标符号

表 1-5　与非门真值表

输入 A	输入 B	输出 Y
0	0	1
0	1	1
1	0	1
1	1	0

6. 或非门

或非门可以有两个以上输入，当所有输入都为 0 时，或非门输出为 1，如果其中有一个输入为 1，则或非门输出为 0。或非门的逻辑运算可以表示为 $Y = \overline{A \vee B}$，国标符号和真值表如图 1-9 和表 1-6 所示。

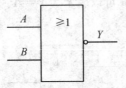

图 1-9　或非的国标符号

表 1-6　或非门真值表

输入 A	输入 B	输出 Y
0	0	1
0	1	0
1	0	0
1	1	0

7. 译码器

在微处理器系统的设计中，经常要将不同的地址信号转换为对某些接口芯片的控制信号，这个处理过程叫做译码，具备译码功能的器件称为译码器。

74LS138 是一种比较常用的 3 - 8 译码器，可以实现 3 输入 8 输出的信号转换。74LS138 的引脚如图 1 - 10 所示，其中，引脚 G1、$\overline{G2_A}$ 和 $\overline{G2_B}$ 是使能输入引脚，用于确定74LS138 是否工作，引脚 C、B 和 A 是译码输入引脚，$\overline{Y0} \sim \overline{Y7}$ 是译码输出引脚。输入信号的组合决定了输出引脚的状态，真值表如表 1 - 7 所示。

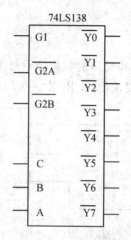

图 1 - 10　74LS138 译码器的引脚

表 1 - 7　74LS138 译码器的真值表

使能输入			译码输入			译码输出							
G1	$\overline{G2_A}$	$\overline{G2_B}$	C	B	A	$\overline{Y0}$	$\overline{Y1}$	$\overline{Y2}$	$\overline{Y3}$	$\overline{Y4}$	$\overline{Y5}$	$\overline{Y6}$	$\overline{Y7}$
×	1	1	×	×	×	1	1	1	1	1	1	1	1
0	×	×	×	×	×	1	1	1	1	1	1	1	1
1	0	0	0	0	0	0	1	1	1	1	1	1	1
1	0	0	0	0	1	1	0	1	1	1	1	1	1
1	0	0	0	1	0	1	1	0	1	1	1	1	1
1	0	0	0	1	1	1	1	1	0	1	1	1	1
1	0	0	1	0	0	1	1	1	1	0	1	1	1
1	0	0	1	0	1	1	1	1	1	1	0	1	1
1	0	0	1	1	0	1	1	1	1	1	1	0	1
1	0	0	1	1	1	1	1	1	1	1	1	1	0

思考与练习题

1. 冯·诺依曼架构和哈佛架构的特点是什么？

2. 微处理器由哪些部件组成？

3. 完成下列转换数值。

   10000110B＝（　）D＝（　）H

   0.1011B＝（　）D

   180.25D＝（　）H

   1E20H＝（　）D

4. 8 位二进制数的原码、补码和反码的数值表示范围分别是多少？

5. 在图 1-11 中，如果 Y 端要输出 0，则 X1～X7 必须是多少？

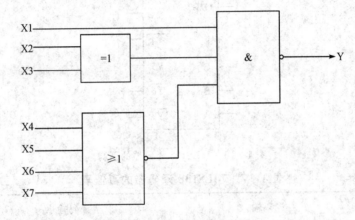

图 1-11　习题 5 图

第 2 章　8088/8086 架构

1978 年 6 月，Intel 公司推出了第一款 16 位的微处理器 8086，为了兼容 8 位机，1979 年 6 月又推出了微处理器 8088。两款处理器的内部结构都按照 16 位进行设计，指令系统完全兼容，主要区别是 8088 的外部数据总线是 8 位。8086 微处理器发布初期没有受到太多关注，但随着 8088 微处理器成为 IBM 计算机的 CPU，X86 系列处理器经历了多年的不断发展和壮大，开创了属于自己的时代，8088/8086 也成为经典芯片。

虽然现在的 X86 系列微处理器与 8088/8086 已经有很大的不同，但核心的基本原理还是类似的。考虑到本科教学以基本原理为主，本章以 Intel 典型的 8088/8086 微处理器为例，说明微处理器的结构及其工作原理。通过对本章内容的学习，不仅能够了解 8088/8086 微处理器中执行单元和总线接口单元的结构及工作原理，还能够对内部寄存器及内存管理方式有一定的认识，为第 3 章的指令系统和汇编语言程序设计学习做好准备。

2.1　8088/8086 微处理器的外部引脚

8088/8086 采用双列直插封装，有 40 根引脚。本章如无特指，主要以 8088 微处理器为例进行说明。8088 的引脚如图 2-1 所示。

8088 有最大和最小两种工作模式，可通过 MN/$\overline{\text{MX}}$ 引脚来选择。当 MN/$\overline{\text{MX}}$=1 时，8088 工作在最小模式，系统只有一个 8088 微处理器，系统总线由 8088 的引脚直接控制；当 MN/$\overline{\text{MX}}$=0 时，8088 工作在最大模式，系统包含两个以上总线主控设备，系统总线由 8088 和其他的总线控制器（如 8087 协处理器）共同控制。本书主要介绍 8088 处于最小模式时各引脚的功能和作用。

1. 数据/地址总线

8088 有 8 条数据总线（Data Bus，DB）和 20 条地址总线（Address Bus，AB），为了减少引脚数量，采用了分时复用方式使部分引脚具有双重功能，因此，8088 总共有 20 条总线引脚。

(1) AD0～AD7：地址、数据复用的三态双向引脚。采用分时复用方式实现地址和数据总线的访问功能。

(2) A8～A15：中间 8 位地址信号三态输出引脚。8086 微处理器将这 8 条引脚分时复用为中 8 位地址和高 8 位数据信号。

(3) A16～A19/S3～S6：高 4 位地址和状态复用三态输出引脚。

2. 控制总线

(1) IO/$\overline{\text{M}}$：访问 I/O 端口或存储器的三态输出控制引脚。IO/$\overline{\text{M}}$ 输出高电平时，访问 I/O 端口；输出低电平时，访问存储器。

(2) $\overline{\text{WR}}$：写操作三态输出控制引脚。如果 $\overline{\text{WR}}$ 输出低电平，此时正在对 I/O 端口或

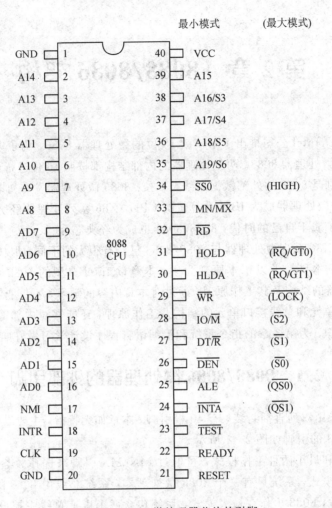

图 2-1   8088 微处理器芯片的引脚

存储器进行写入操作。

（3）$\overline{\mathrm{RD}}$：读操作三态输出控制引脚。如果 $\overline{\mathrm{RD}}$ 输出低电平，此时正在对 I/O 端口或存储器进行读取操作。

（4）DT/$\overline{\mathrm{R}}$：数据发送或接收三态输出控制引脚。DT/$\overline{\mathrm{R}}$ 输出高电平时，CPU 发送数据；输出低电平时，CPU 接收数据。该引脚常用于控制总线(Control Bus, CB)收发器的传送方向。

（5）ALE：地址锁存允许三态输出控制引脚。ALE 为高电平时，地址线上的地址有效，常用于控制锁存器对地址信号进行锁存。

（6）READY：外部准备就绪输入控制引脚。当被访问的存储器或 I/O 端口的外部设备准备好时，发出响应信号，使 READY 为高电平，告知 CPU 已经准备好，可以进行数据传输。

（7）INTR：可屏蔽中断的中断请求输入控制引脚。CPU 在执行指令的最后一个周期对该引脚的信号进行检测。如果 INTR 为高电平，并且中断没有屏蔽，则进入中断响应周期。

（8）NMI：非屏蔽中断的中断请求输入控制引脚。如果该引脚输入一个上升沿触发信号，CPU 在当前指令结束后，就执行非屏蔽中断服务程序，该信号不能被软件屏蔽。

（9）$\overline{\mathrm{INTA}}$：中断响应输出控制引脚。当 CPU 对外部中断请求信号 INTR 做出响应时，则通过该引脚输出低电平给中断源。

（10）HOLD：总线保持请求输入控制引脚。当外部总线控制设备要使用系统总线时，输出高电平信号，通过该引脚提出总线占用请求。

（11）HLDA：总线保持响应输出控制引脚。当 CPU 同意放弃总线控制时，CPU 通过该引脚输出高电平告知外部总线控制设备使用系统总线。

（12）$\overline{\text{TEST}}$：检测信号输入引脚，低电平有效。该引脚的输入信号与 WAIT 指令配合检测，执行 WAIT 指令时，每隔 5 个时钟周期对该引脚的输入信号进行检测。如果 $\overline{\text{TEST}}$ 为高电平，则处于等待状态，直到该信号变为低电平，CPU 结束等待并执行下一条指令。

（13）$\overline{\text{SS0}}$：系统状态输出引脚。该引脚信号与 IO/$\overline{\text{M}}$ 和 DT/$\overline{\text{R}}$ 等信号共同反映总线周期的操作。

（14）RESET：复位信号输入引脚。复位信号需要维持至少 4 个时钟周期的高电平。

（15）CLK：时钟信号输入引脚，为 CPU 提供基准时钟，典型值为 4.77 MHz。

（16）VCC：电源引脚，为 CPU 提供 5 V 工作电源。

（17）GND：接地引脚。

2.2　8088 微处理器的内部结构

掌握一个微处理器的工作性能和使用方法，需要先了解它的内部结构和组成部件。本节以 8088 微处理器为例，说明其内部结构和主要组成，并且对各部件的工作原理进行介绍。

2.2.1　8088 微处理器的组成及特点

8088 微处理器内部由执行单元（Execution Unit，Eu）和总线接口单元（Bus Interface Unit，BIU）组成，其内部结构如图 2-2 所示。

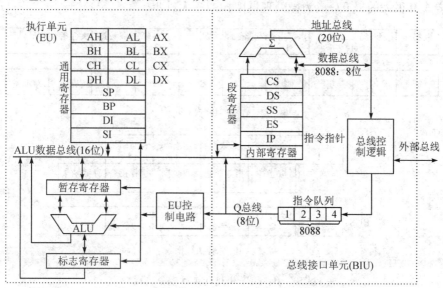

图 2-2　8088 内部结构框图

EU 由 ALU、通用寄存器组、标志寄存器和控制部件构成，完成分析指令和执行指令功能，包括以下内容：

（1）从指令队列取出指令，译码后控制各部件进行指令操作；

（2）在 ALU 执行运算，运算结果和特征暂存在寄存器组中；

（3）向 BIU 发送访问存储器或 I/O 的请求，并提供地址和数据。ALU 总线和 Q 总线用于 EU 内部和 EU 与 BIU 之间的通信。

BIU 完成 8088 微处理器与存储器、I/O 端口之间的指令、数据传送功能，包括以下内容：

（1）预取指令时，从存储器取指令放入指令队列；

（2）执行指令时，BIU 配合 EU 从存储器单元或者 I/O 端口中读取数据到 EU 中；

（3）完成指令后，把 EU 的结果传送到存储器单元或 I/O 端口中。

1. 指令并行执行机制

从 8088/8086 开始，CPU 采用了新的结构和方式来并行完成指令读取、分析、执行以及操作数的存取等步骤，为现代流水线技术的发展奠定了基础。

8088/8086 在 BIU 中设立了一个指令队列，8088 的队列为 4 个字节，8086 的队列为 6 个字节。BIU 从存储器取出指令存放到指令队列中，EU 再从指令队列中取出指令并执行。EU 执行完一条指令后，预读取 BIU 指令队列的代码准备执行。当指令队列出现空字节时，则 EU 等待；当指令队列中放入指令时，EU 即刻取出并执行。在 EU 执行指令需要访问存储器或 I/O 端口时，就会向 BIU 发出访问总线的请求。如果 BIU 正在进行取指令操作，则等待该操作完毕，BIU 才响应 EU 的请求。当 EU 执行跳转、调用或返回等程序控制指令时，指令队列就会复位，从给出的新地址读取指令，新读取的指令经指令队列送 EU 执行。

指令队列的存在使 BIU 和 EU 可以并行工作，减少了取指令等待时间，如图 2-3 所示。这种并行流水线方式提高了执行效率和运行速度，降低了存取速度的要求，相比于顺序执行方式有很大的提升，成为微处理器架构的一大进步。

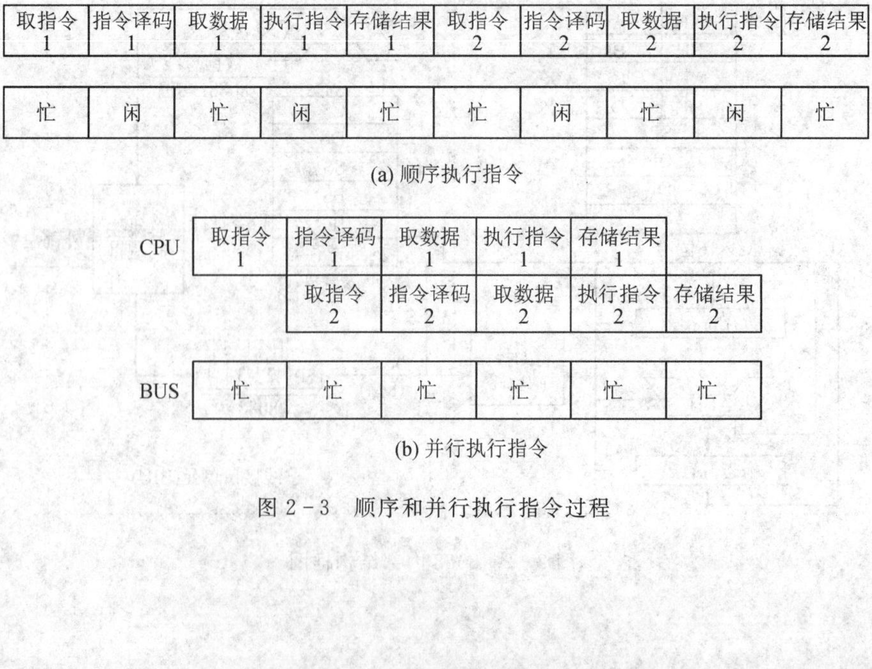

取指令1	指令译码1	取数据1	执行指令1	存储结果1	取指令2	指令译码2	取数据2	执行指令2	存储结果2
忙	闲	忙	闲	忙	忙	闲	忙	闲	忙

(a) 顺序执行指令

CPU
取指令1	指令译码1	取数据1	执行指令1	存储结果1
	取指令2	指令译码2	取数据2	执行指令2	存储结果2

BUS
忙	忙	忙	忙	忙	忙

(b) 并行执行指令

图 2-3　顺序和并行执行指令过程

2. 存储的分段管理

8088/8086 的地址总线有 20 条，可产生一百万种地址组合，即任何一个存储单元都有一个 20 位的地址，称为物理地址，这是每个存储单元的实际地址。由于在 8088/8086 中每个存储单元为一个字节，表示为 Byte，因此常将存储空间大小称为 1 MB。

8088/8086 是 16 位的处理器，只能存放和传送不多于 16 位的二进制数，最多能产生65 536 个地址组合，即只能访问 64 K 个地址，无法实现 1 M 个地址单元的访问。因此，8088/8086 将地址空间划分成多个逻辑段，每个逻辑段最大包含 64 K 个单元，这样就可以用 16 位的地址来表示段内单元的地址，称为（段内）偏移地址。每个逻辑段都有一个段地址，又称为段（基）地址。所以，在 8088/8086 的存储系统中，每个单元的地址都由段基地址和偏移地址组成，格式为 XXXXH（段地址）∶YYYYH（偏移地址）。

在 8088/8086 中采用分段方式管理存储空间，把 1 MB 的存储空间分为多个逻辑段，然后用段基地址加上段内偏移地址来访问物理存储器，计算公式为：物理地址＝段基地址×10H＋偏移地址。例如逻辑地址为 2000H∶0100H 的存储单元的物理地址为 20100H。地址的计算由 BIU 中的加法器来完成。

根据微处理器处理的信息特征，段可以分为代码、数据、堆栈等类型，因此，存储器可以划分为 4 个段：程序段——存放指令代码；数据段及附加段——存放数据、字符和运算结果；堆栈段——传递数据参数，保存数据和状态等。这 4 种段之间可以分开、重叠、重合或相互连接。

8088/8086 中有 4 个段寄存器，与上述 4 种类型的信息对应，因此微处理器可以同时访问 4 个段。当根据不同指令或数据访问存储器时，段地址由段寄存器提供，通常使用默认的段寄存器提供段地址，也可以根据表 2-1 由指定段寄存器提供段首地址；偏移地址要根据指令中的寻址方式确定，也称为有效地址（Effective Address，EA）。

表 2-1　存储器段地址和偏移地址相关的寄存器

存储器访问类型	默认段寄存器	可指定段寄存器	偏移地址
取指令	CS	—	IP
数据存取	DS	ES、SS	EA
堆栈存取	SS	—	SP
BP 作为基址	SS	ES、DS	EA
字符串源地址	DS	ES、SS	SI
字符串目的地址	ES	—	DI

2.2.2　8088 微处理器的内部寄存器

8088 内部有 14 个 16 位寄存器，如图 2-4 所示，包括 8 个通用寄存器，2 个控制寄存器和 4 个段寄存器，其中 9 个在 EU 中，5 个在 BIU 中。

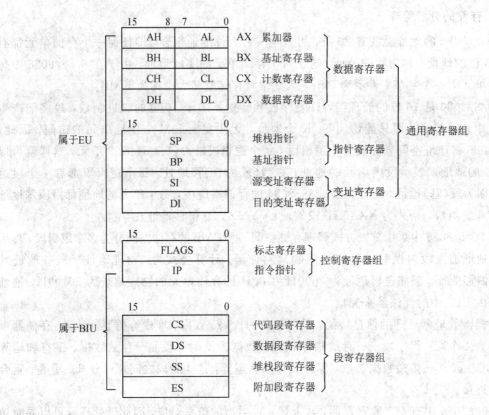

图 2-4　8088 的内部寄存器

1. 通用寄存器

通用寄存器可以分为数据寄存器、指针寄存器和变址寄存器。

1) 数据寄存器 AX、BX、CX 和 DX

数据寄存器均为 16 位寄存器，每一个数据寄存器的高 8 位和低 8 位又可以分为两个 8 位寄存器 AH、AL、BH、BL、CH、CL、DH 和 DL，用以存放 8 位数据。数据寄存器除了用于指令执行的操作数或运算结果，还有习惯的用法。

AX(Accumulator)：累加器，常用于存放运算中的操作数。在 I/O 访问指令中，用于存放与外设传送的信息，在双字长(32 位)乘除法运算时，用于存放低 16 位。

BX(Base)：基址寄存器，常用于间接寻址，通常与段寄存器 DS 一起使用。

CX(Count)：计数寄存器，常用于循环和字符串操作指令中，作为循环计数器。

DX(Data)：数据寄存器，常在 I/O 访问指令中用于存放端口地址，在双字长(32 位)乘除法运算时，用于存放高 16 位。

2) 指针寄存器 SP、BP

SP(Stack Pointer)：堆栈指针，SP 除了可以存放数据，还可以用于存放堆栈段的段内偏移地址，指向堆栈的栈顶。

BP(Base Pointer)：基址指针，BP 除了可以存放数据，还可以在间接寻址时存放内存段基地址，通常默认与段寄存器 SS 一起使用。

3）变址寄存器 SI、DI

源变址寄存器 SI(Source Index)和目的变址寄存器 DI(Destination Index)可以用于存放数据，更常用的是存放地址，例如在变址寻址时作为索引指针。

2. 段寄存器 CS、DS、SS、ES

段寄存器包括代码段寄存器(Code Segment，CS)、堆栈段寄存器(Stack Segment，SS)、数据段寄存器(Data Segment，DS)和附加段寄存器(Extra Segment，ES)，常用于存放代码段、堆栈段、数据段和附加段的段基地址。

3. 控制寄存器 IP、FLAGS

IP(Instruction Pointer)：指令指针寄存器，用于存放下一条执行指令的偏移地址，程序不能直接访问 IP。

FLAGS：标志寄存器。虽然 FLAGS 是 16 位寄存器，但只使用其中的 9 位。反映前一次算术或逻辑运算结果特征的状态标志位有 6 个，包括结果为 0、进借位、溢出和奇偶等状态的指示，此外，还有 3 个影响 CPU 操作的控制标志位，如图 2-5 所示。

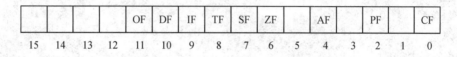

图 2-5 标志寄存器的各标志位

（1）CF(Carry Flag)：进位标志位。在加法运算时，最高位产生进位，或者在减法运算时，最高位产生借位，则 CF=1，否则 CF=0。

（2）PF(Parity Flag)：奇偶标志位。如果运算结果的低 8 位中 1 的个数为偶数，则 PF=1；如果为奇数，则 PF=0。

（3）AF(Auxiliary Carry Flag)：辅助进位标志位，又称为半字节进位标志位。在加法或减法运算时，D3 向 D4 产生进位或借位，则 AF=1，否则 AF=0。AF 常用于调整 BCD 码的算术运算结果。

（4）ZF(Zero Flag)：零标志位。如果运算结果为 0，则 ZF=1，否则 ZF=0。

（5）SF(Sign Flag)：符号标志位。如果运算结果的最高位为 1，则 SF=1，否则 SF=0。

（6）OF(Overflow Flag)：溢出标志位。如果运算结果超出了有符号数的表示范围，则 OF=1，否则 OF=0。

（7）TF(Trap Flag)：陷阱标志位。当 TF=1 时，CPU 处于调试状态，可以单步执行指令，每执行一条指令，就自动产生一次单步中断。

（8）IF(Interrupt Flag)：中断允许标志位。当 IF=1 时，CPU 能够响应中断请求；当 IF=0 时，中断请求被屏蔽。

（9）DF(Direction Flag)：方向标志位。该标志位可以控制字符串指令对字符串地址的方向减小或增大的方向操作。在执行串操作指令时，如果 DF=0，则存放字符串地址的寄存器自动递增；如果 DF=1，则存放字符串地址的寄存器自动递减。

思考与练习题

1. 说明微处理器的组成。

2. 说明 EU 和 BIU 的主要功能。

3. 说明 8088/8086CPU 中的标志位及作用。

4. 说明 8088/8086CPU 中通用寄存器和专用寄存器的作用。

5. 8088/8086 系统能访问多大的存储空间？说明其存储器空间分段管理的原因以及段的类型。

6. 说明 8088/8086 系统中物理地址和逻辑地址的区别。

7. 如果 CS＝8000H，则当前代码段可寻址的存储空间的范围是多少？

8. 已知逻辑地址为 1F00：38A0H，对应的物理地址是多少？

第 3 章　8088/8086 指令系统及程序设计

指令是指能被微处理器识别并且能被执行指定操作的命令。指令系统是指微处理器能识别和执行的指令集合，各类微处理器有各自的指令系统，适用于所属微处理器的架构，与能否发挥微处理器的特点有密切的关系，指令系统一般在微处理器设计时就已经确立。各系列的微处理器都有能发挥其结构特点的指令系统，指令的功能对系统工作效率有重要的影响。

本章以 8088/8086 指令系统为例，说明指令的概念和执行过程、指令中操作数的寻址方式、不同类型指令的功能和特点，为微处理器系统的程序开发建立基础。

3.1　8088/8086 指令格式

8088/8086 的指令类型多、功能强，其指令系统是 X86 系列处理器的基本指令系统，总共有 6 类 92 种指令，分别是数据传送、算术运算、逻辑运算、串操作、控制转移和处理器控制。

微处理器的指令有机器码和助记符两种表达方式。机器码是微处理器能够直接识别的指令码，由于是以二进制或十六进制表示，因此难于记忆和理解。助记符指令适用于编写程序，能够较直观地表达指令操作，但是需要转换为机器码才能被微处理器识别。如下表示在地址单元 1901FH 和 19020H 中，存放了用助记符表示的双字节指令 MOV AH，09H 的机器码 B409H。

```
地址          机器码        指令（助记符）
1900:001F    B409         MOV AH, 09H
```

指令通常由操作码和操作数两部分组成。操作码表示指令要执行的操作，通常是易于记忆的英文缩写。操作数表示指令操作的对象，可以显式或隐式给出，又分为源操作数和目标操作数两种。源操作数表明参加操作的数据或地址，目标操作数表明运算结果的地址。例如 MOV AH，09H 中，MOV 是操作码，AH 和 09H 都是操作数，09H 是源操作数，AH 是目标操作数。指令长度会影响执行指令的时间，因为操作码占用一或两个字节，所以指令长度主要由操作数的个数及寻址方式决定。因此，指令可以是隐含操作数的零操作数指令、只给出一个操作数的单操作数指令以及双操作数指令。机器码 B409H 表明 MOV AH，09H 是双操作数指令。

根据存取位置的不同，操作数可以分为立即数操作数、寄存器操作数和存储器操作数。

1. 立即数操作数

在指令中直接给出的操作数称为立即数操作数，例如 MOV AH，09H 中，09H 就是立即数操作数。使用立即数作为操作数需要注意：① 立即数只能作为源操作数，不能作为目标操作数；② 立即数取值不能超出字长的数值表达范围。

2. 寄存器操作数

将 8088/8086 的通用寄存器和段寄存器作为操作数称为寄存器操作数,可用作源操作数或目标操作数。例如,MOV AH,09H 中,AH 是寄存器操作数,而且是目标操作数。

3. 存储器操作数

存储在内存中的操作数称为存储器操作数,可用作源操作数或目标操作数,字长为 8 位或 16 位。访问存储器操作数需要根据操作数所在的段确定段基地址,根据不同寻址方式获得偏移地址,才能计算出操作数存储的物理地址。例如,MOV AH,[1200H]中,目标操作数存储在数据段偏移地址[1200H]的单元中。

3.2　8088/8086 寻址方式

寻址方式指的是获取操作数地址的方法,一般分为数据地址寻址方式和程序地址寻址方式。在 8088/8086 指令系统中,操作数的寻址方式有 8 种,了解这些寻址方式对于正确使用指令非常重要。本节内容中,如无声明,操作数主要指源操作数对象。

1. 立即寻址

立即寻址(Immediate Addressing)方式指令中包含 8 位或 16 位的操作数存放于代码段中,随指令码直接参加运算。例如,以下指令的执行过程如图 3-1 所示。

```
MOV  AL,12H      ;AL←12H
MOV  AX,1234H    ;AX←1234H
```

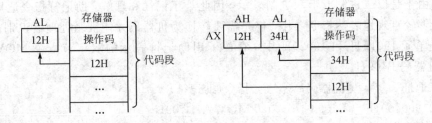

图 3-1　立即寻址举例

注意:立即寻址只能用于源操作数,可以理解为复制数据,复制后源操作数不会失去数据,常用于赋初值。

2. 寄存器寻址

寄存器寻址(Register Addressing)方式指令的操作数在内部寄存器中,可以是 8 位或 16 位操作数,由所存放的寄存器决定。例如,AX=1234H,指令 MOV DX,AX 执行后,DX 寄存器中的值为 1234H。

因为寄存器寻址方式的操作数在内部寄存器中,即在 CPU 内,所以在执行指令时不需要访问存储器,是最快的寻址方式。并且,寄存器名比存储地址短,因此编译后的机器码长度最短。这种寻址方式可以用于源操作数和目标操作数,并且两者可以一起使用。

注意:① 源操作数和目标操作数都是寄存器时,两个寄存器必须等字长;② 操作数不能都是段寄存器;③ 代码段寄存器不能作为目标操作数。

3. 直接寻址

直接寻址(Direct Addressing)方式指令中给出存放操作数的存储单元地址,用中括号"[]"括起 16 位的有效地址,默认段为数据段,可以段重设。例如,DS＝2000H,指令 MOV AX,[1200H]的执行情况如图 3-2 所示,其过程如下:

(1) 操作数默认在数据段,从 DS 寄存器中获得数据段段基地址,从指令中获得偏移地址,因此源操作数的物理地址为:20000H＋1200H＝21200H。

(2) 因为目标操作数是 16 位的 AX,所以从存储单元 21200H 和 21201H 中获得 12H 和 34H。

(3) 在 8088/8086 中,字(Word)的存储占两个单元,低 8 位在低地址,高 8 位在高地址,所以将 3412H 存放在 AX 中。

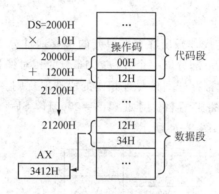

图 3-2　直接寻址举例

注意:① 直接寻址允许操作数不在数据段,但要用段重设符号说明。例如,指令 MOV AL,ES:[1100H]表示将附加段内偏移地址 1100H 存储单元的内容赋给 AL 寄存器;② 在汇编程序中,可以用一个符号代表数值,表示操作数的偏移地址,称为符号地址,例如:

　　　VAR　　DB　　　1200H

　　　MOV　AL ,　VAR　或　MOV　AL,　[VAR]

两条 MOV 指令与 MOV AL,[1200H]是等效的,但是 VAR 需要在程序开始时定义。

4. 寄存器间接寻址

寄存器间接寻址(Register Indirect Addressing)方式是将操作数所在存储单元的偏移地址存放于寄存器中,指令中给出寄存器名,并用中括号"[]"括起,只允许使用基址寄存器 BX 和 BP(也称基址寻址方式),以及变址寄存器 SI 和 DI(也称变址寻址方式)。使用 SI、DI 和 BX 寄存器,默认数据存放在数据段中,使用 BP 寄存器,默认数据存放在堆栈段中,可以段重设。例如,DS＝2000H,SI＝1200H,指令 MOV　AX,　[SI]的执行情况如图 3-3 所示。由图可见,因为使用了 SI 寄存器存放操作数所在存储单元的偏移地址,所以操作数默认在数据段,从 DS 寄存器中获得数据段的段基地址,从 SI 寄存器中获得偏移地址,源操作数的物理地址为:20000H＋1200H＝21200H。从存储单元 21200H 和 21201H 中获得 12H 和 34H,将 3412H 存放在 AX 中。

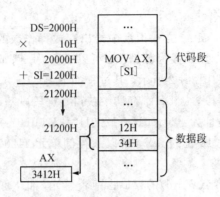

图 3-3　寄存器间接寻址举例

5. 寄存器相对寻址

　　寄存器相对寻址方式将操作数所在存储单元的偏移地址分为两部分，一部分存放于一个基址或变址寄存器中，另一部分以一个 8 位或 16 位的相对偏移量在指令中给出。不同寄存器对应不同的段，遵循与寄存器间接寻址相同的段选取规则。用中括号"[ ]"括起"寄存器名＋相对偏移量"或只括起寄存器名。例如，DS＝2000H，SI＝1100H，指令"MOV AX，[SI＋100H]"的执行情况如图 3-4 所示。

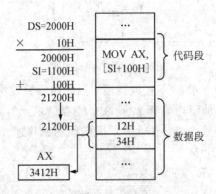

图 3-4　寄存器相对寻址举例

　　由图可见，从 DS 寄存器中获得数据段段基地址，从 SI 寄存器中获得偏移地址 1100H，还有指令给出的相对偏移量 100H，源操作数的物理地址为：20000H＋1100H＋100H＝21200H。

　　寄存器相对寻址方式可以用查表访问，例如，在数据段中，某字节型数据表的首地址为 BUF，要将该表中的第 5 个存储单元的值存放到 AH 中，可以先用指令 MOV SI，5 使 SI 等于 5，然后执行指令 MOV AH，[BUF＋SI]。

　　寄存器相对寻址的格式有多种等价形式，例如：

　　　　MOV AL，BUF[DI]和MOV AL，[DI]BUF
　　　　MOV AL，BUF＋[DI]和MOV AL，[DI]＋BUF

6. 基址—变址寻址

　　基址—变址寻址方式将操作数所在存储单元的偏移地址分为两部分，一部分存放在基址寄存器 BX 或 BP，另一部分存放在变址寄存器 SI 或 DI，不同的基址寄存器对应不同的段。用中括号"[ ]"分别括起两个寄存器名，允许段重设。例如，DS＝2000H，BX＝0100H，SI＝1100H，指令 MOV　AX，[BX][SI]的执行情况如图 3－5 所示。

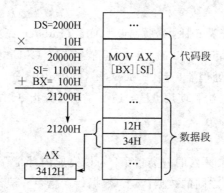

图 3－5　基址—变址寻址举例

注意：指令中不能同时出现两个基址寄存器，或不能同时出现两个变址寄存器。例如：MOV AX，[BX][BP]和 MOV AX，[SI][DI]都是错误的。

7. 基址—变址—相对寻址

基址—变址—相对寻址方式将操作数所在存储单元的偏移地址分为三部分，一部分存放在基址寄存器 BX 或 BP，一部分存放在变址寄存器 SI 或 DI，还有一部分为 8 位或 16 位的相对偏移量。用中括号"[ ]"分别括起两个寄存器名，允许段重设。例如，DS＝2000H，BX＝0100H，SI＝1000H，指令 MOV　AX，[BX＋SI＋100H]的执行情况如图 3－6 所示。

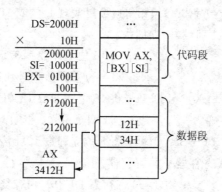

图 3－6　基址—变址—相对寻址举例

基址—变址—相对寻址方式也有多种等价形式，例如：MOV AL，BUF[DI][BX]；MOV AL，[BX＋BUF][DI]；MOV AL，[BX＋DI＋BUF]；MOV AL，[BX]BUF[DI]；MOV AL，[BX＋DI]BUF 等。

注意：指令中不能同时出现两个基址寄存器，或不能同时出现两个变址寄存器。

8. 隐含寻址

指令的操作数隐含在操作码中，例如字位扩展指令 CBW，将 AL 寄存器中的字节扩展到 AX 中成为字，隐含了源操作数 AL 和目标操作数 AX。

3.3　8088/8086 指令系统

8088/8086 的指令可分为 6 种：数据传送（Data Transfer）指令、算术运算（Arithmetic）指令、逻辑运算和移位（Logic & Shift）指令、串操作指令（String Manipulation）、程序控制（Program Control）指令和处理器控制（Processor Control）指令。本节将会对这几类指令进行介绍，除了掌握指令的语法和使用方法，还要注意部分指令对标志位的影响。

3.3.1　数据传送指令

数据传送指令是使用最频繁的一类指令，可以完成内部寄存器之间、CPU 与存储器之间，以及 CPU 与 I/O 端口之间的数据传送。数据传送指令一般都不会影响状态寄存器。

1. 通用数据传送指令

通用数据传送指令包括 MOV、PUSH、POP、XCHG 和 XLAT 等。

1）最常用数据传送指令 MOV

指令格式：

　　　MOV DST，SRC；(DST)←(SRC)

MOV 指令将源操作数复制到目标操作数，源操作数的内容不变。其中，DST 为目标操作数，SRC 为源操作数，源操作数和目标操作数必须等字长。指令含双操作数时，目标操作数在操作码后面，然后用一个逗号隔开，再给出源操作数。

MOV 指令的两个操作数字长必须相等，可以实现 8 位或 16 位的数据传送。

（1）寄存器←立即数或存储器←立即数。

　　　MOV AX, 1234H　　　　　　　；将 16 位立即数 1234H 传送到寄存器 AX

　　　MOV DL, 5　　　　　　　　　；将 8 位立即数 5 送到累加器 DL

　　　MOV WORD PTR[BX]，1200H；将 16 位立即数 1200H 传送到数据段的 BX 和 BX
　　　　　　　　　　　　　　　　　＋1 两个单元。

　　　MOV BYTE PTR[BP+SI]，12H；将 8 位立即数 12H 传送到堆栈段的 BP＋SI 单元

（2）寄存器←寄存器或寄存器←段寄存器。

　　　MOV　BX，DI　　；将 16 位寄存器 DI 中的内容复制到寄存器 BX

　　　MOV　ES，AX　　；将 16 位累加器 AX 中的内容复制到段寄存器 DS

　　　MOV　AL，CL　　；将 8 位通用寄存器 CL 中的内容送 AL

（3）寄存器←存储器或存储器←寄存器。

MOV 指令可以实现寄存器与存储器间的数据传送。如果是 16 位的操作数，则存取连续两个地址的存储器单元内容，高地址单元对应寄存器的高 8 位，低地址单元对应寄存器的低 8 位。

　　　MOV　DX，[8000H]　　　；将数据段中偏移地址为 8000H 和 8001H 两个单元
　　　　　　　　　　　　　　　的内容送到 16 位寄存器 DX

　　　MOV　AL, ES:[3000H]　；将附加段中偏移地址为 3000H 单元的内容送到 16
　　　　　　　　　　　　　　　位寄存器 DX

　　　　　MOV　[BX]，CX　　　　　　;将寄存器 CX 的内容送到 DS 段中偏移地址为 BX 和
　　　　　　　　　　　　　　　　　　　BX+1 两个单元

【例 3 - 1】　如果 DS=2000H，SS=3000H，AX=1234H，BX=1000H，DI=1100H，
BP=1200H，分析指令 MOV [BX]，AX 和 MOV CL，[BP][DI]。

　　　　　MOV　[BX]，AX　　　　　　;将 16 位累加器 AX 的内容送到 DS 段中的存储单元，物
　　　　　　　　　　　　　　　　　　　理地址为：2000H×10H+1000H=21000H，因此，
　　　　　　　　　　　　　　　　　　　[21000H]=34H，[21001H]=12H。

　　　　　MOV　CL，[BP][DI]　　　　;将堆栈段段内存储单元中 8 位的数据送到寄存器 CL 中，
　　　　　　　　　　　　　　　　　　　物理地址为：8000H×10H+1200H +1100H=82300H。

MOV 指令还需要注意以下要求：

(1) 不能将 FLAGS 作为操作数。

(2) 不能通过 MOV 指令修改 IP 和 CS，这两个寄存器不能是目标操作数，但可以是源
操作数。

(3) 两个操作数不能都是存储器操作数，如果需要在两个存储器单元之间传送数据，
需要两条 MOV 指令实现其功能。

　　例如，将数据段偏移地址为 1000H 单元的内容送到偏移地址为 2000H 存储单元，如果
将指令写为 MOV [2000H]，[1000H]，则是错误的指令，可以由 MOV AX，[1000H]和
MOV [2000H]，AX 两条指令完成。

(4) 立即数不能直接传送给段寄存器，需要两条 MOV 指令实现其功能。

　　例如，将立即数 1000H 传送到段寄存器 DS 中，如果写为 MOV DS，1000H，则是错误
的指令，可以由 MOV AX，1000H 和 MOV DS，AX 两条指令完成。

(5) MOV 指令的两个操作数不能都是段寄存器，需要两条 MOV 指令实现其功能。

　　例如，将数据段寄存器 DS 中的内容传送到附加段寄存器 ES 中，如果写为 MOV ES，
DS，则是错误的指令，可以由 MOV AX，DS 和 MOV ES，AX 两条指令完成。

2) 压栈指令 PUSH 和出栈指令 POP

堆栈是一种数据结构，数据的存取遵循“先进后出，后进先出”的原则。8088/8086 微处
理器在存储空间中为堆栈设定的一个特定区域称为堆栈段，用来存放存储器单元或寄存器
内重要但是暂时不用的数据。在 8088/8086 微处理器中，堆栈段的段基地址存放在堆栈段寄
存器 SS 中，栈顶的偏移地址存放在堆栈指针寄存器 SP 中，栈底是堆栈固定不变的另外一端。

需要注意的是，堆栈的存取是双字节的操作，必须是 16 位寄存器或存储器的操作数，
不能是立即数。在入栈过程中，数据从栈顶进入堆栈，地址从高地址向低地址方向变化，
SP 减 2 以保持指向栈顶；在出栈过程中，数据从栈顶读取，地址从低地址向高地址方向变
化，SP 加 2 以保持指向栈顶。堆栈操作不影响标志位。

与堆栈相关的指令有两条：压栈指令 PUSH 和出栈指令 POP。

指令格式：

　　　　　PUSH　SRC　;SP←SP−2，[SP+1]←SRC 高 8 位，[SP]←SRC 低 8 位
　　　　　POP　　DST　;DST 低 8 位←[SP]，DST 高 8 位←[SP+1]，SP←SP+2

图 3 - 7 给出了压栈和出栈时各寄存器和堆栈空间的变化。假设 AX=1234H，SP=

1200H，执行 PUSH AX 指令的过程如图 3-7(a)所示，将寄存器 AX 中 16 位的数据送往堆栈顶部的 11FFH 和 11FEH 两个单元，压栈后，新的 SP 是 11FEH。执行 POP　AX 指令的过程如图 3-7(b)所示，将栈顶的两个存储单元的内容存放到寄存器 AX 中。注意变化过程中寄存器高低 8 位与存储单元地址对应的情况。

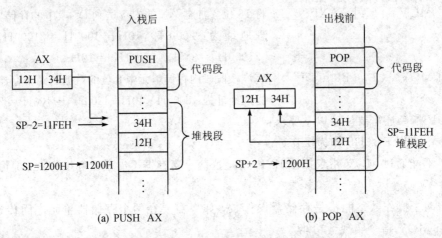

(a) PUSH　AX   (b) POP　AX

图 3-7　压栈和出栈举例

在应用中，PUSH 和 POP 指令一般成对出现，执行顺序相反，可以使堆栈和寄存器保持原有的状态和内容，所以成对使用堆栈指令可以保护程序现场。堆栈还可以实现程序调用、中断响应等的返回地址保存和参数保护，以及用于程序嵌套、参数传递或交换等。

3）交换指令 XCHG

指令格式：

    XCHG DST，SRC　　　；(DST)↔(SRC)

交换指令是把字长相同的源操作数与目标操作数的内容互换，指令中的操作数可以是寄存器或存储器单元，但是两个操作数不能都是存储器单元，也不能是段寄存器。

例如，DS=2000H，SI=1200H，AX=1234H，物理地址[21200H]=56H，执行指令 XCHG [SI]，AL 后，[21200H]=34H，AL=56H，寄存器 AL 的内容与存储单元 [21200H]中的内容进行了交换。

4）查表转换指令 XLAT

指令格式：

    XLAT　　；(AL)←(BX+AL)

XLAT 指令的源操作数和目标操作数都是隐含寻址，把数据段内偏移地址为 BX+AL 单元的内容传送到寄存器 AL 中，可以实现查表功能。

【例 3-2】　表格 TBL 定义了 0~9 的平方值，编写指令取出 3 的平方值。

```
TBLDB 0, 1, 4, 9, 16, 25, 36, 49, 64, 81    ;平方值定义
LEA BX, TBL                                 ;表首地址存放在 BX
MOV AL,  3                                  ;查表索引存放在 AL
XLAT                                        ;查表值 9 存放在 AL
```

2. 输入输出指令

输入输出指令是两条对 I/O 端口进行读写的指令。输入指令为 IN，输出指令为 OUT。IN 指令从 I/O 端口读取数据到累加器 AL 或 AX 中，OUT 指令把累加器 AL 或 AX 的内容写入 I/O 端口，I/O 端口的访问与存储器访问类似，但引脚信号不同。

端口访问有两种形式：直接寻址和间接寻址。直接寻址时，采用 8 位的 I/O 端口地址，寻址范围为 0～FFH，即总共 256 个端口，可以在指令中直接给出端口地址。间接寻址时，采用 16 位的 I/O 端口地址，寻址范围为 0～FFFFH，即总共 65 536 个端口，端口地址存放在寄存器 DX 中。

1）输入指令 IN

指令格式：

　　　　IN　　AL/AX, PORT　　;直接寻址，8 位立即数 PORT 给出端口地址

或

　　　　IN　　AL/AX, DX　　　;间接寻址，16 位寄存器 DX 给出端口地址

IN 指令从指定端口读取的 8 位或 16 位数据内容放在 8 位寄存器 AL 或 16 位寄存器 AX 中，例如：

　　　　MOV　DX, 0200H　;将 16 位端口地址 0200H 送 DX
　　　　IN　　AL, DX　　;从 0200H 端口读取 1 个字节放入寄存器 AL
　　　　IN　　AX, 80H　;从 80H 端口输入 1 个字放入寄存器 AX

2）输出指令 OUT

指令格式：

　　　　OUT　PORT, AL/AX　;直接寻址，8 位立即数 PORT 给出端口地址

或

　　　　OUT　DX, AL/AX　　;间接寻址，16 位寄存器 DX 给出端口地址

OUT 指令将 8 位寄存器 AL 或 16 位 AX 的内容输出到指定的端口，例如：

　　　　OUT　80H, AL　　;将 AL 的 8 位数据输出到 80H 端口
　　　　OUT　81H, AX　　;将 AX 的 16 位数据输出到 81H 端口
　　　　MOV　DX, 8080H　;将 16 位端口地址 8080H 送 DX
　　　　OUT　DX, AL　　;将 AL 的 8 位数据输出到地址为 8080H 的端口

3. 取偏移地址指令

指令格式：

　　　　LEA　DST, ADD(SRC)

LEA 指令将存储器操作数 SRC 所在段的 16 位偏移地址存放在指定的 16 位寄存器 DST 中。由于通常将获得的地址作为地址指针，因此，常用 BX、BP、SI 和 DI 这 4 个间接寻址寄存器存储地址。

　　　　LEA　BX, TABLE　;将存储器中数据表 TABLE 的偏移地址送 BX
　　　　MOV　AL, [BX]　;将 TABLE 中的第一个数据送寄存器 AL
　　　　MOV　AH, [BX+5];将 TABLE 中的第五个数据送寄存器 AH

【例3-3】　如果 BX=1200H，DS=2000H，[21300H]=12H，[21301H]=34H，试分析 LEA 和 MOV 指令的结果。

　　　LEA　BX，[BX+100H]　　；单独执行这条指令后，BX=12H
　　　MOV　BX，[BX+100H]　　；单独执行这条指令后，BX=3412H

3.3.2　算术运算指令

算术运算指令可分为三类：第一类是加、减、乘、除 4 种基本的算术运算；第二类是辅助运算，如 CBW 和 CBD；第三类是 BCD 码算术运算结果调整。操作数主要是无符号数或有符号数，对操作数的要求与传送指令类似。注意掌握算术运算指令对标志位的影响。

1. 加法运算指令

加法运算指令包括 ADD、ADC 及 INC 3 条指令。对操作数的要求与传送指令要求类似，但是段寄存器不能作为操作数。

1）加法指令 ADD

指令格式：

　　　ADD DST，SRC　　　　；DST←DST+SRC

ADD 指令将操作数 DST 和 SRC 相加，结果送回 DST 中。DST 和 SRC 可以是寄存器（除段寄存器外）或存储器操作数，操作数 SRC 可以是立即数，不能都是存储器操作数。执行结果会影响 6 个状态标志位。

　　　ADD　AL，12H　　　　；AL←AL+12H，源操作数是 8 位立即数
　　　ADD　CX，[BX+DI]　；CX←CX+[BX+DI]，源操作数是 16 位存储器操作数
　　　ADD　[DI]，[SI]　　；错误，两个操作数不能都是存储器操作数
　　　ADD　ES，DX　　　　；错误，段寄存器不能作为操作数

【例3-4】　分析以下指令执行后 AL 的值和状态标志位的情况。

　　　MOV　AL，6FH　　　；AL←6FH
　　　ADD　AL，6AH　　　；AL←6FH+6AH

$$
\begin{array}{r}
0110\ 1111\quad(6FH)\\
+\quad 0110\ 1010\quad(6AH)\\
\hline
1101\ 1001\quad(D9H)
\end{array}
$$

指令执行后，AL=D9H。标志位的状态为：AF=1，CF=0，OF=1，PF=0，SF=1，ZF=0。

2）带进位的加法指令 ADC

指令格式：

　　　ADD DST，SRC　　　　；DST←DST+SRC+CF

ADC 与 ADD 指令对操作数要求及对标志位的影响基本相同，区别在于 ADC 指令中 CF 参与运算。

【例 3 - 5】　如果 CF＝1，分析以下指令执行后的值和状态标志位的情况。

```
MOV   AX, 0E75H    ; AX←0E75H，其中 AH＝0EH，AL＝75H
ADC   AH, AL       ; AH←AH＋AL
```

$$
\begin{array}{r}
0000\ 1110\quad(0EH)\\
0111\ 0101\quad(75H)\\
+\qquad\quad 1\quad CF\\
\hline
1000\ 0100\quad(84H)
\end{array}
$$

指令执行后，AH＝0EH＋75H＋1＝84H，即 AX＝08475H。标志位的状态为：AF＝1，CF＝0，OF＝1，PF＝0，SF＝1，ZF＝0。

ADC 指令可以用于多字节加法运算，先加低位数据，再加高位数据和低位的进位。

【例 3 - 6】　求两个 4 字节无符号数 0A0B0C0D0H 和 60708090H 的和。

```
MOV   AX, 0C0D0H
ADD   AX, 08090H   ; 两个数的低 16 位相加，CF＝1，结果送 AX
MOV   BX, 0A0B0H
ADC   BX, 6070H    ; 两个数的高 16 位及 CF 相加，结果送 BX
```

3）加 1 指令 INC

指令格式：

```
INC   DST          ; DST←DST ＋ 1
```

INC 将操作数的内容加1，类似 C 语言的"＋＋"运算符，操作数 DST 可以是 8 位或 16 位寄存器或存储器操作数，但不能是段寄存器和立即数。INC 影响 OF、SF、PF、AF 及 ZF，不影响 CF。INC 常用于修改地址指针及循环次数。

```
INC   SI               ; (SI)←(SI) ＋ 1
INC   BYTE PTR[DI]     ; 将偏移地址为 DI 的存储单元内容＋1
```

2. 减法运算指令

减法运算指令包括 SUB、SBB、DEC、NEG 和 CMP 5 条指令，对操作数的要求与加法运算指令类似。

1）不带借位的减法指令 SUB

指令格式：

```
SUB DST, SRC; DST←DST－SRC
```

SUB 指令将操作数 DST 减去 SRC，结果送回 DST 中。DST 和 SRC 可以是寄存器（除段寄存器外）或存储器操作数，源操作数可以是立即数，执行结果对 6 个状态标志位的影响与 ADD 指令类似。

```
SUB   AL, 34H          ; (BL)←(BL)－34H，源操作数是 8 位立即数
SUB   AL, [BX+DI]      ; (AL)←(AL)－[BX+DI]，源操作数是 8 位存储器操
                         作数
```

2）带借位的减法指令 SBB

指令格式：

  SBB DST，SRC   ；DST←DST－SRC－CF

SBB 与 SUB 指令对操作数要求及对标志位的影响基本相同，区别在于 SBB 指令中 CF 参与减法运算。SBB 指令可以用于多字节减法运算，先减低位数据，再减高位数据和低位的借位。

  SBB AL，20H   ；(AL)←(AL)－20H－CF

3）减 1 指令 DEC

指令格式：

   DEC DST   ；DST←DST－1

DEC 是单字节指令，将操作数的内容减 1，类似 C 语言的“－－”运算符，操作数 DST 可以是 8 位或 16 位寄存器或存储器操作数，但不能是段寄存器和立即数。DEC 影响 OF、SF、PF、AF 及 ZF，不影响 CF。

  DEC CX   ；(CX)←(CX)＋1，常见于修改循环次数
  DEC BYTE PTR[SI] ；将偏移地址为 SI 的存储单元内容－1

4）求补指令 NEG

指令格式：

  NEG DST   ；DST←0－DST

NEG 指令用 0 减去操作数 DST，操作数 DST 可以是 8 位或 16 位寄存器或存储器操作数，但不能是段寄存器和立即数。

NEG 指令对状态标志位均有影响。需要注意的是，执行指令后，如果 DST 为 0，则 CF＝0，否则 CF＝1。如果 DST 为 80H 或 8000H，DST 的值不变，则 OF＝1，否则 OF＝0。例如，AL＝60H，执行 NEG AL 后，AL＝0－60H＝0A0H。

5）比较指令 CMP

指令格式：

  CMP DST，SRC   ；DST－SRC，只影响标志位

CMP 指令实现目标操作数减源操作数，但是结果不保存，操作数的内容不变，通过影响 6 个状态标志位，判断 DST 与 SRC 之间的大小关系，对标志位的影响与减法指令相同。

(1) 用 CF 标志位判断两个无符号数的大小。

当 CF＝0 时，DST≥SRC，并且当 ZF＝1 时，DST＝SRC；当 CF＝1 时，DST<SRC。

(2) 用 OF 标志位判断两个有符号数的大小。

当 OF＝0 时，如果 SF＝0，则 DST> SRC；当 ZF＝1 时，则 DST＝SRC；如果 SF＝1，则 DST<SRC；

当 OF＝1 时，如果 SF＝0，则 DST< SRC；如果 SF＝1，则 DST> SRC。

因此，对于有符号数，当 OF⊕SF＝0 时，DST> SRC；当 OF⊕SF＝1 时，DST<SRC。

3. 乘法运算指令

指令格式：

　　　MUL　　SRC　　　　　；无符号数乘法

　　　IMUL　SRC　　　　　；有符号数乘法

　　乘法运算指令采用隐含寻址，源操作数由指令给出，不能是立即数。

　　字节相乘时，AX←SRC×AL，字相乘时，DX：AX←SRC×AX，高 16 位结果放在 DX 中，低 16 位结果放在 AX 中。

　　　MUL　　BL　　　　　　；AX←AL×BL

　　　MUL　　BYTE PTR[DI]　；AX←AL×[DI]

　　　MUL　　CX　　　　　　；DX：AX←AX×CX

　　在无符号数乘法中，如果字节相乘结果的高 8 位或字相乘结果的高 16 位不为 0，则 CF 和 OF 都为 1，寄存器 AH 或 DX 中的结果有效，否则 CF 和 OF 都为 0。

　　在有符号数乘法中，如果字节相乘结果的高 8 位或字相乘结果的高 16 位是符号位的扩展，则 CF 和 OF 都为 1，否则 CF 和 OF 都为 0。

4. 除法运算指令

　　指令格式：

　　　DIV　　SRC　　　；无符号数除法

　　　IDIV　SRC　　　；有符号数除法

　　除法运算指令采用隐含寻址，隐含了被除数，除数由源操作数给出，不能是立即数。

　　字节相除时，被除数是 16 位，存放在 AX 中，除数是 8 位，由 SRC 给出，完成除法运算后，商存放在 AL 中，余数存放在 AH 中。字相除时，被除数是 32 位，高 16 位存放在 DX 中，低 16 位存放在 AX 中，除数是 16 位，由 SRC 给出，完成除法运算后，商存放在 AX 中，余数存放在 DX 中。

　　在无符号数除法中，当除数为零或商超出了 8 位或 16 位的表达范围，将会出现溢出，产生一个类型 0 的中断。除法指令执行后，对标志位无影响。

　　　DIV　　VAR　　　；VAR 为字节变量，无符号字节除法

　　　IDIV　BX　　　　；有符号字除法

3.3.3　逻辑运算和移位指令

　　逻辑运算指令提供了与、或、非和异或基本的逻辑运算以及测试操作，包括 AND、OR、NOT、XOR 和 TEST 5 条指令，可以对寄存器或存储器单元中的 8 位或 16 位操作数按位操作。其中，NOT 指令的操作数要求与 INC 指令相同，不影响所有标志位。其余逻辑运算指令操作数的要求与 MOV 指令相同，会使 CF 和 OF 为 0，影响 ZF、SF 和 PF，AF 值不确定。

　　移位指令分为非循环移位和循环移位两类指令，可以对寄存器或存储器单元中的 8 位或 16 位操作数指定次数的移位，这类指令大多会影响状态标志位。

1. 逻辑运算指令

1) 逻辑"与"指令 AND

指令格式：

　　AND　DST，SRC　　；DST←DST∧SRC

AND 指令将 DST 和 SRC 按位进行逻辑与运算，结果存放在 DST。SRC 可以是寄存器、存储器或立即数操作数，DST 可以是寄存器或存储器操作数。

AND 指令常用于屏蔽目标操作数中某些位，可以将需要屏蔽的位和 0 进行与运算，不需要屏蔽的位和 1 进行与运算，例如，AND BL，0F0H，将 BL 的低 4 位清 0，高 4 位保持不变。

AND 指令还可以对数据自身按位进行与运算，只影响状态标志位，并将 CF 或 OF 设为 0。例如：执行 AND CX，CX，不改变 CX 的内容，但影响 6 个状态标志位。

2) 逻辑"或"指令 OR

指令格式：

　　OR　DST，SRC　　；DST←DST∨SRC

OR 指令将 DST 和 SRC 按位进行逻辑或运算，结果存放在 DST。SRC 可以是寄存器、存储器或立即数操作数，DST 可以是寄存器或存储器操作数。

OR 指令常用于使目标操作数中某些位置 1，可以将需要置 1 的位和 1 进行或运算，不需要置 1 的位和 0 进行或运算，例如，OR BL，01 H，将 BL 的 D0 位置 1，D7～ D1 位保持不变。

OR 指令还可以对数据自身按位进行或运算，只影响状态标志位，并将 CF 或 OF 设为 0。例如：执行 OR CX，CX，不改变 CX 的内容，但影响 6 个状态标志位。

【例 3-7】 奇偶校验是数据传输中常用的校验方式，偶校验是使要传送的数据中 1 的个数为偶数，奇校验是使要传送的数据中 1 的个数为奇数。对于 1 个字节的数据，校验位放在 D7 位。要传输的数据在 BL 中，添加校验位的程序如下：

　　OR　BL，BL　　；寄存器 BL 中的内容不变，但影响状态标志位

　　JPE GOON　　；如果 PF＝1，则 BL 中 1 的个数为偶数，不处理

　　OR　BL，80H　　；如果 PF＝0，则将 BL 中 1 的个数变成偶数

GOON：...

3) 逻辑"非"指令 NOT

指令格式：

　　NOT　DST

NOT 指令对目标操作数 DST 按位取反，结果存放在 DST，DST 可以是寄存器或存储器操作数，但不能是立即数。NOT 指令不影响状态标志位。

　　NOT　CX　　　　；将 CX 中的内容按位取反，结果保存在 CX 中

　　NOT　WORD　PTR[DI]　；将[DI]指向的两个存储单元中的内容按位取反，结果保存在这两个存储单元中

4）逻辑"异或"指令 XOR

指令格式：

　　XOR　DST，SRC　　　　　　；DST←DST⊕SRC

XOR 指令将 DST 和 SRC 按位进行逻辑异或运算，结果存放在 DST。SRC 可以是寄存器、存储器或立即数操作数，DST 可以是寄存器或存储器操作数。

因为异或运算会使两个操作数相同的位的结果为 1，不同的位的结果为 0，所以 XOR 指令常用于将某些寄存器置为 0，例如：XOR　CX，CX，使 CX 清零。

5）测试指令 TEST

指令格式：

　　TEST　DST，SRC　　　　　　；DST∧SRC 影响标志位

TEST 指令将 DST 和 SRC 按位进行逻辑与运算，除了执行结果不保存，对操作数的要求及对状态标志位的影响都与 AND 指令相同，因此，TEST 指令常用于不改变操作数情况下，检测操作数中某位是否为 1，即可以对被检测位与 1 进行逻辑与运算，其他位与 0 进行逻辑与运算。如果被检测位为 0，则指令执行结果为 0，并且 ZF＝1；如果被检测位为 1，则指令执行结果为 1，并且 ZF＝0。因此，可以根据 ZF 对被检测位进行判断。

【例 3-8】　判断 AL 中 D0 的值。

　　TEST　　AL，01H　　　　；测试 AL 中的 D0 位

　　JZ　　　GOON　　　　　；如果 D0 位为 0，则程序跳转到 GOON 执行。

2. 移位指令

移位指令对操作数进行左移或右移，移位位数为 1 时，由立即数直接给出，移位位数大于 1 时，由寄存器 CL 间接给出。

1）算术左移指令 SAL（Shift Arithmetic Left）

指令格式：

　　SAL　DST，CNT

SAL 指令按照 CNT 指定的移位位数，对 DST 中的有符号数进行左移。DST 每向左边移动一位，右边补一位 0，最高位移入 CF 中，如图 3-8 所示。

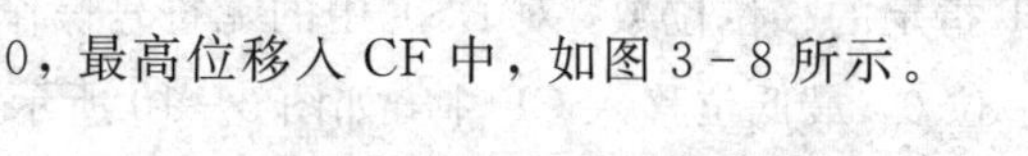

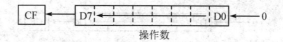

操作数

图 3-8　算术左移指令示意图

SAL 指令会影响 OF、CF、SF、PF 和 ZF 标志位。CNT＝1 时，如果移位后操作数的最高位与 CF 标志位不同，则标志位 OF 为 1，否则 OF 为 0，表示发生了溢出。例如，AL＝45H，执行 SAL　AL，1 后，AL＝8AH，CF＝0，OF＝1，AL 在移位前是正数，移位后是负数，产生了溢出。

2）逻辑左移指令 SHL(Shift Logic Left)

指令格式：

　　　SHL　DST，CNT

SHL 指令按照 CNT 指定的移位位数，对 DST 中的无符号数进行左移。DST 每向左边移动一位，右边补一位 0，最高位移入 CF 中，如图 3-8 所示。

SHL 对状态标志位的影响与 SAL 相同，但是，在 OF=1 时，并不表示无符号数左移溢出。例如，AL=45H，执行 SHL　AL，1 后，AL=8AH，CF=0，OF=1，45H 和 8AH 都是无符号数，都小于无符号数的最大值 FFH，因此没有产生溢出。

无符号数的左移与该数乘 2 相同，所以左移指令可以等同于乘 2^{CNT} 的运算。由于移位指令执行速度比乘法指令快，因此可以用左移指令替代乘法指令。

3）算术右移指令 SAR(Shift Arithmetic Right)

指令格式：

　　　SAR　DST，CNT

SAR 指令按照 CNT 指定的移位位数，对 DST 中的有符号操作数进行右移。DST 每向右边移动一位，都将最右边一位移入 CF 中，但是最高位保持不变，如图 3-9 所示。

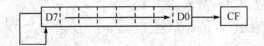

图 3-9　算术右移指令示意图

SAR 指令会影响 CF、SF、PF 和 ZF 标志位。例如，AL=45H，执行 SAR　AL，1 后，AL=22H，CF=1。

SAR 指令可以替换有符号操作数除以 2^{CNT} 的运算。

4）逻辑右移指令 SHR(Shift Logic Right)

指令格式：

　　　SHR　DST，CNT

SHR 指令按照 CNT 指定的移位位数，对 DST 中的无符号操作数进行右移。DST 每向右边移动一位，左边补一位 0，最低位移入 CF 中，如图 3-10 所示。

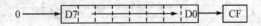

图 3-10　逻辑右移指令示意图

SHR 指令会影响 OF、CF、SF、PF 和 ZF 标志位。当 CNT=1 时，如果移位后操作数的最高位与次高位不同，则标志位 OF 为 1，否则 OF 为 0。例如，AL=89H，执行 SHR　AL，1 后，AL=44H，CF=1，OF=1。

SAR 指令可以替换无符号操作数除以 2^{CNT} 的运算。

5）不带 CF 的循环左移指令 ROL

指令格式：

　　ROL　DST，CNT

　　ROL 指令按照 CNT 指定的移位位数，对 DST 进行循环左移操作，最高位移入 CF 和最低位，构成 8 位的循环，如图 3-11 所示。

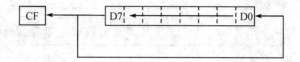

图 3-11　不带 CF 的循环左移指令示意图

　　ROL 指令影响 CF 和 OF 标志位。当 CNT＝1 时，如果移位后操作数的最高位与 CF 标志位不同，则标志位 OF 为 1，否则 OF 为 0。例如，AL＝45H，执行 ROL　AL，1 后，AL＝8AH，CF＝0，OF＝1。

　　6）不带 CF 的循环右移指令 ROR

　　指令格式：

　　　　ROR　DST，CNT

　　ROR 指令按照 CNT 指定的移位位数，对 DST 进行循环右移操作，最低位移入 CF 和最高位，构成 8 位的循环，如图 3-12 所示。

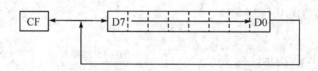

图 3-12　不带 CF 的循环右移指令示意图

　　ROR 指令影响 CF 和 OF 标志位。CNT＝1 时，如果移位后操作数的最高位与次高位不同，则标志位 OF 为 1，否则 OF 为 0。例如，AL＝49H，执行 ROR　AL，1 后，AL＝A4H，CF＝1，OF＝1。

　　7）带 CF 的循环左移指令 RCL

　　指令格式：

　　　　RCL　DST，CNT

　　RCL 指令按照 CNT 指定的移位位数，对 CF 和 DST 一起进行循环左移操作，CF 移入最低位，最高位移入 CF，构成 9 位的循环，如图 3-13 所示。

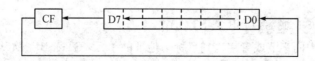

图 3-13　带 CF 的循环左移指令示意图

　　RCL 指令对状态标志位的影响与 ROL 指令相同。例如，CF＝1，AL＝45H，执行 RCL AL，1 后，AL＝8BH，CF＝0，OF＝1。

　　8）带 CF 的循环右移指令 RCR

　　指令格式：

RCR　DST, CNT

RCR 指令按照 CNT 指定的移位位数，对 CF 和 DST 一起进行循环右移操作，CF 移入最高位，最低位移入 CF，构成 9 位的循环，如图 3 - 14 所示。

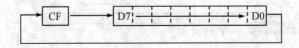

图 3 - 14　带 CF 的循环右移指令示意图

RCR 指令对状态标志位的影响与 ROR 指令相同。例如，CF＝1，AL＝49H，执行 RCR　AL, 1 后，AL＝A4H，CF＝1，OF＝1。

3.3.4　串操作指令

串操作指令是指对内存中地址连续的一组字节或一组字进行操作，默认源串在数据段，目标串在附加段中。每次操作后，可以自动修改源串地址、目标串地址和串长度。串操作指令通过加上重复前缀，可以在满足条件的情况下重复操作，直到完成设置的长度。由于串操作指令一般可以由传送指令等实现相同的功能，因此本小节简单地对串操作指令进行介绍。

串操作包括以下 5 条指令：

1）串传送指令 MOVS

指令格式：

　　　　MOVS　DST, SRC 或 MOVSB 或 MOVSW

指令将源串地址中的字节或者字送到目标串地址中，MOVSB 一次传送 1 个字节，MOVSW 一次传送 1 个字。源串默认在数据段，目标串默认在附加段，可以段重设。DF 为 0 时，按照地址增加的方向操作；DF 为 1 时，按照地址减少的方向操作。

2）串装入指令 LODS

指令格式：

　　　　LODS　SRC 或 LODSB 或 LODSW

指令将源串地址中的字节或者字送到寄存器 AL 或者 AX 中，LODSB 一次传送 1 个字节给 AL，LODSW 一次传送 1 个字给 AX。源串默认在数据段，可以段重设。

3）串存储指令 STOS

指令格式：

　　　　STOS　DST 或 STOSB 或 STOSW

指令将寄存器中的字节或者字送到目标串地址的单元，STOSB 一次从 AL 中传送 1 个字节给目标串，STOSW 一次从 AX 中传送 1 个字给目标串。目标串默认在附加段，可以段重设。

4）串比较指令 CMPS

指令格式：

　　　　CMPS　DST, SRC 或 CMPSB 或 CMPSW

指令把源串与目标串的数据逐个字节或者字进行比较，满足条件就一直继续，直到完成指定长度的比较。CMPSB 一次比较 1 个字节，CMPSW 一次比较 1 个字。源串默认在数据段，目标串默认在附加段，可以段重设。DF 为 0 时，按照地址增加的方向操作；DF 为 1 时，按照地址减少的方向操作。比较完成后，对 CX 和 ZF 进行分析，判断源串和目标串是否相等。

5）串扫描指令 SCAS

指令格式：

    SCAS　DST 或 SCASB 或 SCASW

指令将目标串的数据逐个字节或者字与 AL 或 AX 寄存器中的数据进行比较，满足条件就一直继续，直到完成指定长度的比较。SCASB 一次比较 1 个字节，SCASW 一次比较 1 个字。比较完成后，对 CX 和 ZF 进行分析，判断目标串是否包含 AL 或 AX 中的数据。

串操作指令的操作需要指明是否重复、重复的条件以及重复的次数。其中，重复的次数通过寄存器 CX 设定，重复的条件则由重复前缀确定，有以下 3 种前缀：

（1）无条件重复 REP。在串操作指令前加入前缀 REP，表示只要 CX 不等于 0，则一直执行串指令的操作。

（2）相等重复 REPE 或 REPZ。在串操作指令前加入前缀 REPE 或 REPZ，表示 CX 不等于 0，而且 ZF 等于 1 时，一直执行串指令的操作。

（3）不相等重复 REPNE 或 REPNZ。在串操作指令前加入前缀 REPNE 或 REPNZ，表示 CX 不等于 0，而且 ZF 等于 0 时，一直执行串指令的操作。

加入操作前缀之后的串指令执行动作包括：执行串指令的操作、SI 和 DI 自动增加或减少、CX 内容自动减 1 以及根据 ZF 的状态决定是否继续执行。

3.3.5　程序控制指令

程序控制指令包括转移控制、循环控制、过程调用和中断控制 4 类指令，用于程序的跳转转移、过程调用及循环控制等。

1. 转移指令

1）段内直接转移

指令格式：

    JMP　LABEL

JMP 指令是使程序无条件地转移到指定的目标地址执行，LABEL 是符号地址，在程序的同一代码段内。指令编译时，给出的是 JMP 的下一条指令到目标地址的偏移量。例如：

    TEST　BL，01H

    JMP　　GOON

    OR　　AL，30H

    …

    GOON：MOV　DX，8000H

其中，GOON 是段内标号，汇编程序编译时，计算 OR　AL，30H 指令地址到 GOON 所指的目标地址之间的偏移量。在执行指令的时候，将偏移量加到 IP 上，转去执行 MOV DX,8000H。

2）段内间接转移

指令格式：

    JMP   OPTR

转移地址在 16 位操作数 OPTR 中，OPTR 是 16 位寄存器或者存储器两个单元中的内容，直接赋给 IP 作为跳转地址，从而实现跳转。例如：

JMP   BX   ；程序跳转地址 IP＝BX

【例 3 - 9】 DS＝2000H，BX＝1000H，DI＝200H，[21200H]＝1100H，执行指令 JMP WORD PTR[BX＋DI]后，IP＝1100H。指令执行的过程如图 3 - 15 所示。

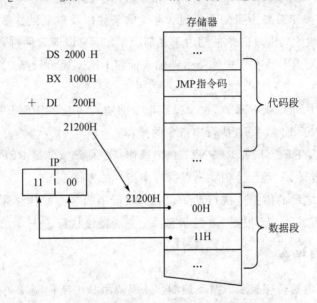

图 3 - 15 段内间接转移示意图

3）段间直接转移

指令格式：

    JMP FAR PTR LABEL

FAR 表示 LABEL 是在另一个代码段内的远标号。指令执行时，根据 LABEL 的位置将要转移的段基地址和偏移地址分别赋值给 CS 和 IP，程序跳转到 CS：IP 执行指令。例如：JMP FAR PTR GOON，远转移到 GOON 处。

4）段间间接转移

指令格式：

    JMP   OPTR

转移地址在 32 位操作数 OPTR 中，OPTR 是 32 位存储器四个单元中的内容，高 16 位内容送 CS，低 16 位内容送 IP，使程序直接跳转到另一个代码段执行。

【例 3 - 10】 DS＝2000H，BX＝1200H，[21200H]＝00H，[212001H]＝11H，[212002H]＝00H，[212003H]＝F0H，则指令执行 JMP DWORD PTR[BX]后，IP＝1100H，CS＝F000H，跳转的目标地址 F1100H，如图 3 - 16 所示。

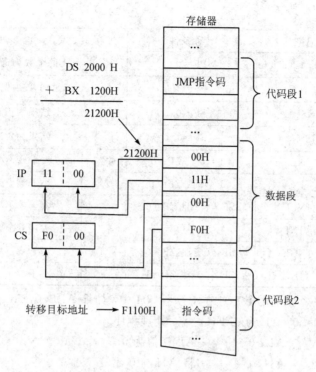

图 3-16　段间间接转移示意图

5）条件转移指令

指令格式：

　　JCC　LABEL

JCC 表示有条件转移，根据前一条指令执行后的标志位判断程序是否跳转，如果满足条件，则跳转到指定的地址执行，否则，继续执行下一条指令。条件转移指令只可以实现段内的短跳转，LABEL 为符号地址，与当前 IP 相距 $-128 \sim 127$ 个字节。

其他的条件转移指令可以分为单标志位判断跳转和多标志位判断跳转，如表 3-1 所示。

表 3-1　常用条件转移指令

类型	助记符	转移条件	说　明	
单标志位判断跳转	JAE / JNB	CF＝0	无符号数	大于等于或不小于转移
	JB / JANE	CF＝1		小于或不大于等于转移
	JC	CF＝1		有进位或借位转移
	JNC	CF＝0		无进位/借位转移
	JZ	ZF＝1		等于转移
	JNZ	ZF＝0		不等于转移
	JNO	OF＝0		无溢出转移
	JO	OF＝1		有溢出转移

类型	助记符	转移条件		说　明
单标志位判断跳转	JNP / JPO	PF＝0		1的个数为奇数转移
	JP / JPE	PF＝1		1的个数为偶数转移
	JNS	SF＝0		结果为正转移
	JS	SF＝1		结果为负转移
多标志位判断跳转	JA / JNBE	CF＝0 且 ZF＝0	无符号数	大于或不小于等于转移
	JBE / JNA	CF＝1 或 ZF＝1		小于等于或不大于转移
	JG / JNLE	SF≠OF 且 ZF＝0	符号数	大于或不小于等于转移
	JGE / JNL	SF＝OF		大于等于或不小于转移
	JL / JNGE	SF≠OF 且 ZF＝0		小于或不大于等于转移
	JLE / JNG	SF≠OF 或 ZF＝1		小于等于或不大于转移

【例 3 - 11】　一个有符号数存放在寄存器 AH 中，如果 AH＞0，AL 为 1，如果 AH＝0，AL 为 0，如果 AH＜0，AL 为 0FFH，编写处理程序。

```
        MOV     AL,0        ；AL 初值为 0
        CMP     AH,0        ；将 AH 与 0 比较
        JGE     GOON
        MOV     AL,0FFH     ；如果 AH＜0，AL 为 0FFH
        JMP     DONE
GOON：  JE      DONE        ；如果 AH＝0，AL 保持初值 0 不变
        MOV     AL,01H      ；如果 AH＞0，AL 为 1
DONE：  HLT
```

2. 循环控制指令

循环控制指令会使程序在满足条件的情况下重复执行，一般用 CX 寄存器存放循环次数。在循环开始时存放最大循环次数，每循环一次，CX 的内容减 1，减到 0 时结束循环，CX 的变化不影响标志位。循环转移范围为短转移，偏移量为 8 位。

1）LOOP 循环指令

指令格式：

　　　LOOP　LABEL

LOOP 指令执行前，先将循环次数存放在 CX 中，根据近地址标号，跳转到标号地址的指令执行，每循环一次后，CX 的内容减 1，然后判断 CX 是否为 0。如果 CX≠0，则继续进行循环，否则退出循环。

2）LOOPZ/LOOPE 循环指令

指令格式：

　　　LOOPZ/LOOPE　LABEL

LOOPZ/LOOPE 的循环执行判断条件为：每循环一次后，CX 的内容减 1，如果 CX≠0，并且 ZF＝1，则继续进行循环，否则退出循环。

3) LOOPNZ/LOOPNE 循环指令

指令格式：

　　LOOPNZ/LOOPNE　LABEL

LOOPNZ/LOOPNE 的循环执行判断条件为：每循环一次后，CX 的内容减 1，如果 CX≠0，并且 ZF＝0，则继续进行循环，否则退出循环。

【例 3-12】　编写程序，从长度为 100 的数组 BUF 中统计值为 0 的个数，存储在 AL 中。

```
          MOV      CX, 100          ；循环长度 100
          LEA      BX, BUF          ；取数组首地址
          MOV      AL, 0            ；AL＝0
AGAIN：   CMP      BYTE PTR[BX], 0
          JNZ      NEXT
          INC      AL               ；统计 0 的个数
NEXT：    INC      BX               ；地址指针加 1
          LOOP     AGAIN
```

3. 过程调用指令

如果有些程序段多次出现和执行，可以把这些程序设计成类似子程序的"过程"，在需要的时候执行调用指令 CALL(CALL procedure)，完成调用处理后，执行 RET(RETurn from procedure)，返回原程序。

1）段内直接调用

指令格式：

　　CALL NEAR PROC

执行过程：SP←SP−2,（SP+1）←（高 8 位 IP），（SP）←（低 8 位 IP），（IP）←（IP）＋偏移量。

在段内直接调用中，PROC 是在当前代码段内近过程的符号地址，在程序编译时，给出 CALL 的下一条指令到目标地址的偏移量。执行调用指令时，将 CALL 指令的下一条指令的 IP 压入堆栈，作为返回地址。

2）段内间接调用

指令格式：

　　CALL OPTR

在段内间接调用中，执行过程与段内直接调用类似，但是调用入口地址在 OPTR 中，OPTR 是 16 位寄存器或者存储器两单元中的内容，直接作为 IP 的内容，实现调用。

```
          CALL   BX                ；IP←(BX)，入口地址由 BX 给出
          CALL   WORD PTR[BX]      ；IP←([BX+1]：[BX])，[BX+1]给出入口地址的
                                     高 8 位，[BX]给出入口地址的低 8 位
```

3）段间直接调用

指令格式：

　　CALL FAR PROC

执行过程：

SP←SP−2,（SP+1）←（CS_H），（SP）←（CS_L），（CS）←（子程序段地址）

SP←SP−2，(SP+1)←(IP$_H$)，(SP)←(IP$_L$)，(IP)←(子程序偏移地址)

在段间直接调用中，PROC 是在其他代码段的远过程的符号地址。执行调用指令时，将 CALL 指令的下一条指令的 CS 和 IP 压入堆栈，作为返回地址，然后将子程序的段地址和偏移地址放入 CS 和 IP 中，实现调用。

4）段间间接调用

指令格式：

CALL OPTR

执行过程：

SP←SP−2，(SP+1)←(CS$_H$)，(SP)←(CS$_L$)，(CS)←(OPTR+3，OPTR+2)

SP←SP−2，(SP+1)←(IP$_H$)，(SP)←(IP$_L$)，(IP)←(OPTR+1，OPTR)

在段间间接调用中，入口地址在 32 位操作数 OPTR 中，OPTR 是 32 位存储器四单元中的内容，高 16 位内容送 CS，低 16 位内容送 IP，使程序调用另一个代码段的程序执行。

【例 3−13】　设 DS＝2000H，SI＝1200H，[21200H]＝00H，[212001H]＝11H，[212002H]＝00H，[212003H]＝F0H，执行指令 CALL DWORD DPTR[SI]后，IP＝1100H，CS＝F000H，子程序的入口地址为 F1100H。

5）过程返回

指令格式：

RET

在子过程中，一般在最后包含一条返回指令 RET，从堆栈中获取调用程序的地址，控制返回原来的程序。RET 指令自动匹配过程调用的类型，如果是近过程调用，则从栈顶弹出字给 IP 作为返回偏移地址；如果为远过程调用，则先从栈顶弹出字给 IP 作为返回偏移地址，再弹出一个字给 CS 作为段地址。

4. 中断控制指令

中断是在执行程序期间因特殊事件暂停 CPU 的处理，执行中断服务程序来处理，完成后返回被中止程序继续执行的过程。中断的概念及处理过程等内容在第 5 章进行讨论，本章仅介绍与软件中断相关的指令。

1）中断调用指令

指令格式：

INT n

在中断指令中，n 为 8 位的中断类型码，将 n 乘以 4，获得中断向量的地址，然后从该地址中取出 4 个字节的中断服务程序入口地址，执行中断服务子程序，其过程如下：

(1) 将 FLAG 压入堆栈，SP←SP−2，(SP+1)←(FLAG$_H$)，(SP)←(FLAG$_L$)；

(2) TF 和 IF 标志位置为 0；

(3) 将当前 CS 压入堆栈，SP←SP−2，(SP +1)←(CS$_H$)，(SP)←(CS$_L$)；

(4) 将当前 IP 压入堆栈，SP←SP−2，(SP +1)←(IP$_H$)，(SP)←(IP$_L$)；

(5) 取中断服务子程序入口地址，(IP$_L$)←(n×4)，(IP$_H$)←(n×4+1)，(CS$_L$)←(n×4+2)，(CS$_H$)←(n×4+3)；

2）中断返回指令 IRET

指令格式：

　　IRET

中断服务程序一般都包含中断返回指令，用于返回和执行被中断的程序。该指令会将堆栈中断点的偏移地址和段地址出栈，放于寄存器 IP 和 CS，然后恢复标志寄存器，会对标志位产生影响，其过程如下：

（1）$(IP_H) \leftarrow (SP+1)$，$(IP_L) \leftarrow (SP)$，$SP \leftarrow SP+2$；

（2）$(CS_H) \leftarrow (SP+1)$，$(CS_L) \leftarrow (SP)$，$SP \leftarrow SP+2$，

（3）$(FLAG_H) \leftarrow (SP+1)$，$(FLAG_L) \leftarrow (SP)$，$SP \leftarrow SP+2$，

3.3.6　处理器控制指令

处理器控制指令常用于修改标志寄存器、控制 8088/8086 的操作和实现对 8088/8086 的管理等。

1）标志位处理指令

标志位处理指令共有 7 条，影响 CF、DF 和 IF 位，如表 3-2 所示。

表 3-2　标志位处理指令

指令	功　能
CLC	进位位清除，CF=0
STC	进位位置位，CF=1
CMC	进位位求反，CF=$\overline{CF}$
CLD	方向标志位清除，DF=0
STD	方向标志位置位，DF=1
CLI	中断标志位清除，IF=0
STI	中断标志位置位，IF=1

2）空操作指令 NOP(No Operation)

该指令消耗 3 个时钟周期，不完成任何功能，也不影响任何标志位。

3）处理器暂停指令 HLT(Halt)

该指令使微处理器处于暂停状态，只有 RESET 信号、NMI 信号或 INTR 信号才能使 8088/8086 退出暂停状态，常用于等待产生中断。

4）等待指令 WAIT(Wait)

执行该指令时，测试 TEST 引脚，当 TEST 为高电平时，微处理器进入等待状态，直到 TEST 引脚为低电平，才退出等待状态，执行下一条指令。

5）总线封锁指令 LOCK(Lock)

LOCK 是一条前缀指令，执行相应指令时，总线处于锁定状态，不允许其他设备使用总线。

6）处理器交权指令 ESC(Escape)

该指令用于 8088/8086 与协处理器配合工作。

3.4　8088/8086 汇编语言编程

汇编语言(Assemble Language)是采用助记符和伪指令等编写程序的程序设计语言。汇编程序可以直接对寄存器、存储单元和 I/O 端口进行处理，不仅执行速度快，而且占用的空间少，在实时性要求高和存储容量要求少的应用处理方面是不可替代的，同时也有助于理解微处理器的工作过程。本节将对汇编程序结构框架、汇编语句格式以及伪指令等进行介绍，从而对汇编语言的编写有基本的了解。

3.4.1　汇编源程序结构和格式

汇编语言源程序由多个代码段、数据段、附加段和堆栈段组成，如例 3 - 14 所示，这些逻辑段以 SEGMENT 开始，以 ENDS 结束，整个源程序的结束用 END 结尾。

【例 3 - 14】编写一个两个数相减的程序，结果存于 MINUS。

```
        DATA1  SEGMENT            ;定义数据段
               DAT1  DB 10H        ;定义被减数
               DAT2  DB 20H        ;定义减数
        DATA1  ENDS               ;数据段结束
        ;
        EXTR1  SEGMENT            ;定义附加段
               MINUS  DB ?         ;定义存放结果区
        EXTR1  ENDS               ;附加段结束
        ;
        CODE1 SEGMENT             ;定义代码段
        ASSUME CS：CODE1, DS：DATA1,ES：EXTR1;各段对应的段寄存器
START：MOV   AX, DATA1
        MOV   DS, AX              ;初始化寄存器 DS
        MOV   AX, EXTR1
        MOV   ES, AX              ;初始化寄存器 ES
        LEA   SI, MAX             ;存放最大值的偏移地址送 SI
        MOV   AL, DAT1            ;取被减数
        MOV   BL, DAT2            ;取减数
        SUB   AL,  BL             ;两个数相减
        MOV   ES：[SI], AL         ;结果送附加段的 MINUS 中
        HLT
CODE1 ENDS                       ;代码段结束
        END START                ;源程序结束
```

汇编语言源程序的语句可分为指令性和指示性两大类。指令性语句是由指令助记符组

成的语句，可以由 8088/8086 执行；指示性语句用于说明对程序进行汇编的方式，但是 8088/8086 并不执行这类指令，由于这类指令不生成目标代码，故称为伪指令。

指令性语句的格式为

[标号：][前缀]操作码[操作数 1，][操作数 2，][；注释]

指示性语句的格式为

[名字]伪指令 表达式[；注释]

指令性语句中的"标号"是标识符，表示符号地址，其后要加"："。指示性语句中的"名字"表示变量名、过程名和段名等，其后不加"："，名字通常作为变量名来表示数据的地址。例如：

　　　　　BUF　DB 11H，22H，33H　　　；指示性语句，定义字节型数据

NEXT：MOV CX，BUF　　　　　　　　；指令性语句，将立即数 BUF 送寄存器 CX

注释(Comment)的前面要加上"；"，解释语句的作用，注释不参与编译，一般是为了增加程序的可读性。

3.4.2　汇编语句格式

汇编语言的数据项可以是常量、标号、变量和表达式。

1. 常量

常量是指令中的固定值，包括数值常量和字符串常量，数值常量通常用二进制、十进制和十六进制等不同形式表示。

(1) 十进制常量以字母 D 结尾或不加结尾，如 12D、12。

(2) 二进制常量以字母 B 结尾，如 00010010B。

(3) 十六进制常量以字母 H 结尾，如 12H、0ABCDH。需要注意的是，数值常量的第一位要求是数字，否则会被视为标识符，因此，如果以 A～F 开始的十六进制数，需要在前面补一个 0。

字符串常量是由单引号' '括起的一个或多个字符，每一个字符都编译成对应的一个 ASCII 码值，如字符串常量'ab'，编译后为 61H、62H。

2. 标号

标号是用于表示指令地址的符号，因此又称为符号地址，不与指令助记符或伪指令重名，不能以数字开头，长度不超过 31 个字符，其后加上冒号。

标号具有段地址、偏移地址和类型 3 个属性。

(1) 段地址是标号所在代码段的段地址。

(2) 偏移地址是标号所在代码段内，相对于段首地址的偏移地址。

(3) 类型有近(NEAR)和远(FAR)两种。NEAR 类型表示标号在同一代码段内被引用；FAR 类型表示标号在其他代码段内被引用。

3. 变量

变量是在存储器中的某个数据区的标识符，变量的内容是可变的。变量名必须以字母开头，长度不超过 31 个字符，后面不加冒号。变量名对应数据区的首地址，如果对数据区其他数据操作时，则注意修改地址。例如：

　　　BUF DB 01H，02H，03H

```
        ……
        MOV AL，BUF              ；将 01H 送 AL
        MOV AH，BUF＋2           ；将 02H 送 AH
        ……
```

变量具有段地址、偏移地址、类型、长度和大小 5 个属性。

（1）段地址是变量所在段的段地址，一般变量的段地址在寄存器 DS 或 ES 中。

（2）偏移地址是变量所在段的首地址到变量地址之间的字节数量。

（3）类型有字节、字、双字、四字、十字节等，表明每个数据的字节数或位数。

（4）长度是数据区中元素的个数。

（5）大小是分配给变量的总字节数，变量大小＝变量类型×变量长度。

变量还可以通过运算符来定义一定的数值，包括以下运算符。

1）算术运算符

算术运算符包括＋（加）、－（减）、×（乘）、/（除）和 MOD（取余数）等算术运算，用于数值表达式时，编译后是一个数值。例如，MOV AL，9－6 等价于 MOV AL，3。

算术运算符也可以作为地址表达式。例如，BUF 定义为字数组，将第 3 个字送累加器 AX，指令为 MOV AX，BUF＋（3－1）×2，BUF 表示数组首地址，（3－1）×2 是第 3 个字的偏移量，因为数组定位的每个元素是字，所以要乘以 2。

2）逻辑运算符

逻辑运算符包括 AND、OR、NOT 和 XOR 等逻辑运算，仅用于数值表达式，按位进行逻辑运算后获得一个数值。例如，MOV AH，55H AND　01H 等价于 MOV AL，01H。

注意：逻辑运算符与逻辑运算指令的操作助记符同名，出现在指令的操作数部分时作为操作符。

3）关系运算符

关系运算符有 6 个：相等（EQ）、不等（NE）、小于（LT）、大于（GT）、小于或等于（LE）、大于或等于（GE），仅用于数值表达式，参与运算的是两个数值或相同段中两个存储单元地址，运算后获得的是一个逻辑值。当关系成立时，结果为全 1，否则，结果为 0。例如：

```
        MOV AL，2 EQ 1        ；关系不成立，等效于 MOV AL，0
        MOV AL，2 GT 1        ；关系成立，等效于 MOV AL，0FFFFH
```

4）分析运算符

分析运算符可以分析一个存储单元地址的属性，如表 3-3 所示。

表 3-3　分析运算符

运算符	功　　能
OFFSET	获得标号或变量的偏移地址
SEG	获得标号或变量的段地址
TYPE	获得标号或变量的类型
SIZE	获得变量的大小
LENGTH	获得变量元素的数量

如果 DS＝2000H，数组 BUF 在数据段，偏移地址为 1200H，其定义为：BUF DW 200 DUP(0)，则

```
MOV   AX, SEG BUF        ; AX＝2000H
MOV   SI, OFFSET BUF     ; SI＝1200H，等同于 LEA SI, BUF
MOV   AL, TYPE BUF       ; AL＝2，BUF 定义类型为字
MOV   AL, LENGTH BUF     ; AL＝200，BUF 定义了 200 个元素
MOV   AX, SEG  BUF       ; AL＝400，200×2B＝400B
```

5）其他运算符

(1) PTR，指定其后的存储器操作数的类型。例如：

```
CALL WORD PTR[BX]       ; 声明存储器操作数为 2 字节，即段内调用
MOV CL, BYTE PTR[DI]    ; 将 DI 所指向地址单元中的内容送 CL
```

利用 PTR 运算符可以修改变量的属性，例如，变量 BUF 定义为字，现要将其当做字节操作数使用，如果直接执行指令 MOV AL, BUF，则是错误的，因为操作数不等长，应使用 PTR 运算符，指令改写为 MOV AL, BYTE PTR BUF。

(2) 方括号"[ ]"，方括号内是操作数的偏移地址，在指令中表示存储器操作数。

(3) 段重设运算符"："，在段寄存器名之后表示段重设，用于改变存储器操作数的段属性。例如，MOV CX, ES:[SI]，把 ES 段中 SI 指向的字操作数送 CX。

3.4.3　伪指令

伪指令在编译期间由汇编程序处理，不需要 8088/8086 来执行，不产生目标代码。伪指令可分为数据定义、符号定义、段定义、设定段寄存器、过程定义、宏命令、模块定义与连接伪指令。

1. 数据定义伪指令

数据定义伪指令用于给变量分配存储空间，确定变量类型和变量赋初值，格式为

[变量名] 数据定义伪操作 操作数 1[，操作数 2，…]

方括号中存放变量名，数据定义伪指令有以下 5 类：

(1) DB：定义字节类型的变量，占 1 个字节，也可以用于定义字符串。

(2) DW：定义字类型的变量，占 2 个字节，低字节数据存放在低地址单元，高字节数据存放在高地址单元。

(3) DD：定义双字类型的变量，占 4 个字节，低字节数据存放在低地址单元，高字节数据存放在高地址单元。

(4) DQ：定义四字类型的变量，占 8 个字节，低字节数据存放在低地址单元，高字节数据存放在高地址单元。

(5) DT：定义十字节类型的变量，占 10 个字节，存放压缩 BCD 数。

数据定义伪指令的操作数可以是多个常数、表达式或字符串，每个元素的值不能超过所定义数据类型表达的范围。例如：

```
ARRAY   DB  01H, 23H        ; 定义 2 个字节类型的变量 ARRAY
BUF         DW  2×5＋8        ; 定义一个字类型的变量 BUF
```

　　　　　；定义一个字符串变量，字符串的首地址为 STRING

　　　　　STRING　　DB　'Yes!'

　　　　　；定义一个四字变量 NUM，地址由低到高的内容分别为：07H、06H、05H、
　　　　　　04H、03H、02H、01H、00H

　　　　　NUM　　　DQ　00010203040507H

　　伪指令的操作数还可以是问号(?)。"?"的作用是给变量开辟定义的存储单元，但不赋予确定的值。例如：

　　　　　BUF　　　DB　?　；定义 1 个字节类型的变量 BUF，初值为任意值

　　当操作数重复多次时，用重复操作符"DUP"进行定义，格式为：

　　　　　[变量名]数据定义伪操作 n DUP (初值 1[，初值 2…])

　　圆括号中是重复内容，n 是重复次数。例如：

　　　　　BUF1 DB 10 DUP(?)　　　；为 BUF1 分配 10 个字节空间，初值为任意值

　　　　　BUF2 DB 30 DUP(50H)　；为变量 BUF2 分配 30 个字节空间，初值均为 50H。

【例 3 - 15】　分析下列变量在存储器中的存放顺序，如图 3 - 17 所示。

　　　　　BUF1　DB　01H，'YES'

　　　　　BUF2　DW　02H，1122H

　　　　　BUF3　DD　0123H

　　　　　BUF4　DB　3 DUP(20H)

　　　　　BUF5　DB　4 DUP(12H，34H)

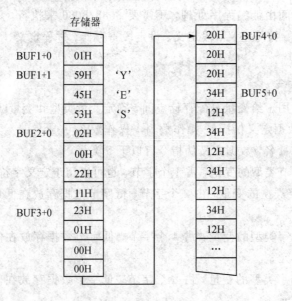

图 3 - 17　变量定义示意图

2. 符号定义伪指令

　　符号指的是指令助记符、寄存器名、标号名、变量名和过程名等。符号定义伪指令有 EQU、＝和 LABEL 等。

1）EQU

伪指令格式：

名字 EQU 表达式

EQU 给表达式赋予一个字符名，在程序中用表达式时，可以用该字符名来表示。表达式可以是常数、符号、指令助记符、数值或地址。例如：

SIX　　EQU　06H　　　　　;SIX＝06H
NUM　EQU　SIX ＊2＋ 1024 ;NUM＝数值表达式的值
LOC　　EQU　ES：[BP＋8]　;地址表达式

在程序中使用以上定义，如下：

MOV　AL, SIX　　　　　;AL＝06H
CMP　AX, NUM　　　　 ;比较 NUM 和 AX 中的值
GOTO WORD PTR LOC　　;转到 ES：[BP＋8]所指的两字节存储单元中的
　　　　　　　　　　　　　内容为地址的指令执行

注意：EQU 不能对一个符号重复定义。

2）＝

伪指令格式：

名字＝表达式

＝的功能与 EQU 类似，但是能够对一个符号重复定义。

NUM＝1FH　　;NUM 代表数值 1FH
…
NUM＝7FH　　;重新定义 NUM，数值为 7FH

3）LABEL

伪指令格式：

变量或标号 LABEL 类型

定义变量或标号的类型，其段地址和偏移地址由语句所处的位置确定。指令中类型包括 BYTE、WORD、DWORD、DQ，以及 NEAR、FAR 等。

3. 段定义伪指令

汇编语言源程序以段为其基本组织结构，段定义伪指令用于定义汇编程序的逻辑段，包括 SEGMENT、ENDS 等。

伪指令格式：

段名 SEGMENT [定位类型][组合类型]['类别']
……
段名 ENDS

在段定义时，SEGMENT 和 ENDS 成对出现，两条伪指令中的段名表示逻辑段的名字，必须相同，段名不能与指令助记符等保留字重名。方括号是可选项，其内容定义了逻辑段的一些特性。

1）定位类型（Align）

定位类型用来说明逻辑段的边界值，有以下 4 种：

(1) PARA：段类型默认为 PARA，该类型的逻辑段以节作为边界，一个节有 16 个字节，所以起始地址是 16 的倍数，其物理地址为××××0H。在省略情况下，定位类型默认为 PARA。

(2) BYTE：该类型的逻辑段以字节作为边界，即起始地址可以从任何地址开始，紧接在前一个段的后面。

(3) WORD：该类型的逻辑段以字作为边界，即起始地址必须是偶数。

(4) PAGE：该类型的逻辑段以页作为边界，一页有 256 个字节，其物理地址为×××00H。

2）组合类型（Combine）

组合类型用来说明逻辑段之间的组合方法，有以下 6 种：

(1) NONE：默认组合类型是 NONE，说明不同程序中的逻辑段不进行组合。

(2) PUBLIC：不同程序中用 PUBLIC 声明的相同段名的逻辑段将组合在一起，形成一个逻辑段。

(3) STACK：与 PUBLIC 类型相似，只用于堆栈段，形成一个大的堆栈段，堆栈指针 SP 指向这个大的堆栈区的栈顶。

(4) COMMON：不同程序中 COMMON 类型的同名逻辑段，从同一个内存地址装入，即这些逻辑段会重叠。重叠部分是最后一个逻辑段的内容。组合后的段长度等于这些逻辑段中最长的长度。

(5) MEMORY：该类型逻辑段定位在最高处，多个该类型的逻辑段组合时，只有首个段作为 MEMORY 段，其余组合的段按 COMMON 类型进行处理。

(6) AT 表达式：该类型逻辑段按照表达式的值定位段地址。例如，AT 2000H 表示当前逻辑段的段地址为 2000H，即起始物理地址是 20000H。

3）类别（Class）

类别声明在连接时各逻辑段的装入顺序为：相同类别名的逻辑段按出现的先后顺序装入内存区，其他没有类别名的逻辑段则一起连续装入内存。类别名用单引号括起来，例如代码段'CODE'。

以上 3 个可选项用于多个程序的连接，如果程序中只有一个模块，建议除堆栈段用 STACK 类型说明外，代码段、数据段和附加段的组合类型及类别都可以省略，采用默认值 PARA。

4. 设定段寄存器伪指令

设定段寄存器伪指令（ASSUME）用于声明逻辑段的段名与段寄存器的对应关系。

伪指令格式：

　　　ASSUME 段寄存器名：段名[，段寄存器名：段名[，…]]

ASSUME 指示伪指令 SEGMENT 定义的逻辑段的地址与 CS、DS、ES 或 SS 段寄存器的关联，但是，ASSUME 并没有赋值给段寄存器，只有代码段的段地址在编译时会自动装入 CS 中，DS、ES、SS 需要编写代码赋值，如下所示：

```
　　…
CSEG　SEGMENT
　　　ASSUME CS:CSEG, DS:DSEG, ES:XSEG, SS:SSEG
```

```
        MOV AX, DSEG
        MOV DS, AX              ;数据段的段地址送入 DS
        MOV AX, XSEG
        MOV ES, AX              ;附加段的段地址送入 ES
        MOV AX, SSEG
        MOV SS, AX              ;堆栈段的段地址送入 SS
    …
    CSEG   ENDS
```

5. 过程定义伪指令

在汇编程序中，过程（子程序）是可以被其他程序调用实现某些功能的程序段。

伪指令格式：

```
过程名   PROC [NEAR/FAR]
        …（过程体）
        RET
过程名 ENDP
```

过程名按汇编语言规则命名，是过程程序入口的符号地址。PROC 表明一个过程开始，ENDP 表明一个过程结束，其过程名相同，两条指令成对出现。在中间的过程体中，至少有一条返回指令 RET，用于返回原地址。中括号内声明过程类型，与调用程序在同一个代码段内的过程称为近过程，可以省略；不与调用程序在同一个代码段内的过程称为远过程。过程可以嵌套调用，也可以递归调用。

【例 3-16】 编写一个将 AL 中数值 0～9 转为 ASCII 码的子程序。

```
    ASC   PROC                ;定义一个近过程
          ADD   AL,30H        ;转 ASCII 码
          RET                 ;过程返回
    ASC   ENDP                ;过程结束
    …
          MOV   AL, 05H
          CALL   ASC           ;调用过程
```

6. 宏命令伪指令

在汇编程序中，为了避免重复出现，使源程序简洁，可以将需要多次使用的同一段程序定义为宏指令，用宏指令名调用。

伪指令格式：

```
宏命令名   MACRO [形式参数,…]
          …（宏定义体）
          ENDM
```

宏命令名是宏的标志，与标号的命名规则一样，位于伪指令 MACRO 之前，但结束符 ENDM 前不需要宏命令名。宏定义中的参数项是可选的，可以没有或有若干个参数，参数

间以逗号隔开。宏调用时，实际参数按顺序替换形式参数，多余的实际参数被忽略。

【例 3 - 17】 编写一个将数值 0~9 转为 ASCII 的宏。

```
MASC   MACRO   X, Y
       MOV     AL, X
       ADD     AL, 30H
       MOV     Z, AL
       ENDM
```

X 和 Y 都是形式参数，在调用宏 MASC 时写为 MASC NUM, ASC，其中，NUM 和 ASC 都是实际参数，在调用时，替换了宏定义中的 X 和 Y。需要注意的是，宏命令经过汇编后，将通过宏展开生成程序指令：

```
MOV   AL, NUM
ADD   AL, 30H
MOV   ASC, AL
```

显然，宏与过程调用有相似之处，但使用上有所区别。

（1）宏命令由宏汇编程序处理，宏调用时，用宏定义体生成指令。调用是微处理器指令，执行时，微处理器会转到子过程执行。

（2）宏指令能够简化源程序，但是宏扩展后，仍然多次出现宏定义体，因此，并没有简化目标程序。对于子程序，经过编译后，子程序生成相应的机器代码，调用也不出现子程序的宏定义体，因此减少了目标程序。

（3）子程序的调用和返回都要进行 8088/8086 操作，因此需要额外占用处理时间。宏指令不需要 8088/8086 处理调用，因此执行速度相对较快。

7. 模块定义与连接伪指令

在编写大规模汇编程序时，会划分成若干个独立的源程序（模块），然后分别汇编这些模块，生成相应的目标程序，最后连接成一个完整的可执行程序。模块定义与连接伪指令包括 NAME、TITLE、END 等。

1）NAME 伪指令

伪指令格式：

NAME 模块名

NAME 伪指令用于给目标程序一个模块名，如果定义模块名，则使用 TITLE 伪指令定义的标题名中前 6 个字符作为模块名，如果都没有，则使用源程序的文件名作为模块名。

2）TITLE 伪指令

伪指令格式：

TITLE 标题名

TITLE 伪指令为程序清单指定打印标题。标题名最大字符数为 60。

3）END 伪指令

伪指令格式：

END［标号］

END 伪指令表示源程序结束，格式中的标号可选，表示程序的开始地址。如果没有指定标号，则把程序的第一条指令的地址作为开始地址，如果有若干个模块，只有主模块使用标号，其他模块只用 END，不指定标号。

思考与练习题

1. 设 DS＝1000H，ES＝2000H，SS＝3000H，SI＝0080H，BX＝0100H，BP＝1000H，字符常数 SUF 为 0010H。分析下列指令源操作数的寻址方式，并计算除立即寻址外其余寻址方式的物理地址。

  MOV CX，AX

  MOV BL，10H

  MOV AX，BUF

  MOV CX，BUF[BX][DI]

  MOV BL，'X'

  MOV SI，[BX]

  MOV AX，[BP]

  MOV AX，10H[BX]

2. 设 SP 的初值为 1200H，AX＝12EFH，BX＝F100H。执行指令 PUSH　AX 后，SP 的值是多少，再执行指令 PUSH　BX 及 POP　AX 之后，SP、AX 和 BX 的值是多少。

3. 对下列指令进行判断。

(1) MOV AL，DX

(2) MOV 12H，BL

(3) MOV CX，[SI][DI]

(4) MOV [SI]，[BX]

(5) ADD BYTE PTR[SI]，256

(6) MOV SUF[DI]，ES：AX

(7) JMP BYTE PTR[BX]

(8) OUT 120H，BX

(9) MUL 20H

4. 按要求编写指令或程序段。

(1) 写出两条使 BX 内容为 0 的指令；

(2) 使寄存器 AL 中的高低 4 位内容互换；

(3) 屏蔽寄存器 AX 的 D15、D8 和 D0 位；

(4) 测试寄存器 AX 的 D4 和 D6 位是否为 1。

5. 用什么指令可以将＋20 和－40 分别除以 2？

6. 已知 AX＝1200H，DX＝03E0H，端口 PT1 的地址是 80H，内容为 64H，PT2 的地址是 81H，内容为 20H。请分析下列指令的执行结果。

(1) OUT DX，AL

(2) IN AL，PT1

(3) OUT　DX，AX

(4) IN　AX，40H

(5) OUT　PT2，AX

7. 编写程序统计长度为 50 个字节的数组 BUF 中 0 的个数。

8. 编写程序实现以下功能。

(1) 从地址为 DS：1200H 的单元中读取一个数据 40H 到寄存器 AL；

(2) 将 AL 中的内容右移两位（非循环）；

(3) 寄存器 AL 的内容与 DS：1200H 中的内容相乘；

(4) 乘积存入字单元 DS：1201H 中。

9. 分别用 DB、DW、DD 伪指令定义从 BUF 开始的连续 8 个单元存放 01H、23H、45H、67H、089H、0ABH、0CDH、0EFH 的数据定义语句。

10. 以下为数据段的定义，写出执行后的结果。

```
DATA    SEGMENT
        VAR1   DB 11H，22H，33H
        VAR2   DW 5 DUP(?)
        STR   DB '345'
        DATA   ENDS
```

(1) MOV　CL，VAR1

(2) LEA　BX，VAR2

(3) MOV　SI，OFFSET STR

　　ADD　BX，SI

11. 编写程序，检测寄存器 CL 的第 0 位是否为 0。

12. 分析下列语句分配的存储空间以及数据值。

　　BUF1　DB 'HELLO'，10，10H，5 DUP(2,?,4)

第 4 章　存储器系统

存储器用于存放指令、数据、运算结果以及重要信息，是 8088/8086 运行过程中信息存储和交换的重要部件。根据存储器与 8088/8086 的关系，存储器可以分为内存和外存。内存指内部存储器，可以直接与控制器和运算器连接，编译的程序、处理的数据、过程的中间结果都存放于内存中。8088/8086 需要不断地从内存读取指令，分析指令和执行指令，因此内存具有较快的存取速度。外存指外部存储器，外存不直接与 8088/8086 连接，而是通过总线接口与微处理器相连，其容量很大。外存通常采用半导体存储介质，如早期的软盘、后来的硬盘以及 DVD 光盘等。

根据工作方式，存储器又可分为随机存取存储器（Random Access Memory，RAM）和只读存储器（Read Only Memory，ROM）。RAM 可以进行随机读写操作，但掉电后信息不能保存。RAM 又可分为静态随机存取存储器（Static RAM，SRAM）和动态随机存取存储器（Dynamic RAM，DRAM）。ROM 又分为掩膜 ROM、PROM、EPROM、EEPROM 等类型。读取和写入是存储器的两种基本操作。读取操作指从存储器中获得信息，但是不改变存储单元中的内容；写入操作指把信息存入存储器，覆盖单元中的数据。

存储器系统是指多个速度和容量各不相同的存储器连接起来构成一个存储系统，该系统在使用时类似一个存储器整体，其速度接近于速度最快的存储器，其容量接近于容量最大的存储器。

本章首先以经典的存储器芯片为例，介绍 RAM 和 ROM 的内部结构、外部引脚以及工作特点，然后说明存储器系统设计的方法及例子。

4.1　随机存取存储器

随机存取存储器又称为读写存储器，在 8088/8086 的读写周期内可以完成读或写数据的操作，但是需要保持供电，否则保存的信息会丢失。本节以静态随机存取存储器 Intel 6264（后面简称 6264）和动态随机存取存储器 Intel 2164A（后面简称 2164A）为例，说明这两类存储器的特点。

4.1.1　静态随机存取存储器

SRAM 的存储单元是一个双稳态触发器，用于存储 1 位二进制信息 0 或 1。

6264 是容量为 8 KB 的 SRAM 芯片，其引脚如图 4-1 所示。

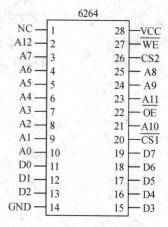

图 4-1　6264 的引脚

1. 6264 的引脚

(1) A0～A12：地址总线引脚，与 8088/8086 的低 13 位地址总线相连，可以产生 2^{13} = 8192(8K) 个地址编码，这 13 根引脚上的信号通过芯片内部译码，可以选中一个存储单元。

(2) D0～D7：数据总线引脚，形成 8 位双向数据线，与 8088/8086 的数据总线相连。每根数据线对应存储单元中的 1 位，8 根数据线表明 6264 中的每个存储单元有 8 位，即 1 个字节。

(3) $\overline{CS1}$、CS2：片选信号输入引脚。当 $\overline{CS1}$＝0 并且 CS2＝1 时，处于选中状态，微处理器才可以对 6264 进行数据存取。存储器芯片的存储地址范围由高位地址决定，微处理器的高位地址信号经过译码电路产生片选信号，选中 6264，然后低位地址经过芯片内部译码实现对存储单元的寻址。

(4) $\overline{OE}$：读取允许信号输入引脚。当 $\overline{OE}$＝0 时，允许从芯片中获得数据。

(5) $\overline{WE}$：写入允许信号输入引脚。当 $\overline{WE}$＝0 时，数据可以写入芯片；而当 $\overline{WE}$＝1，$\overline{OE}$＝0 时，数据可以从 6264 芯片读取出来。

(6) VCC 是 5 V 电源引脚，GND 是接地引脚，NC 表示悬空。

2. 6264 的工作过程

数据读取和写入是 6264 芯片的基本操作。

图 4-2 是 6264 写入数据的时序图。当 6264 要对某存储地址进行数据写入时，把地址信号送到系统地址总线的 A0～A12 上，同时，把要写入的数据送到数据总线，并且控制信号线满足 $\overline{CS1}$＝0、CS2＝1 和 $\overline{WE}$＝0，就可以将数据写入指定的存储单元。

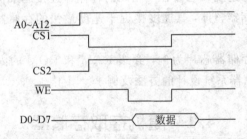

图 4-2　6264 数据写入时序图

图 4-3 是 6264 读取数据的时序图。当要从某存储地址读取数据时，把地址信号送到系统地址总线的 A0～A12 上，并且控制信号线满足 $\overline{CS}$＝0、CS2＝1、$\overline{WE}$＝1 和 $\overline{OE}$＝0，就可以从存储单元中读取内容到数据总线上。

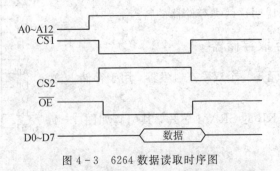

图 4-3　6264 数据读取时序图

3. 6264 的系统连接

在 8088/8086 系统中，存储器芯片除了地址总线、数据总线和部分控制总线需要与系统总线连接外，还需要保证存储地址满足设计要求。因此，需要设计符合要求的译码电路，产生正确的片选信号。因为低位地址寻址由存储器内部芯片完成，所以译码主要是设计电路完成高位地址信号到片选信号的转换，使系统能够对选中的存储器芯片的单元进行读写操作。

图 4-4 是一片 6264 的连接示意图，SRAM 的地址范围要求是 1E000H～1FFFFH，系统的低 13 位地址总线 A12～A0 与 6264 的地址总线相连，高 7 位地址信号 A19～A13 经过译码电路产生片选信号，图中的译码电路由与非和或非的逻辑门器件组成，也可以由 74LS138 译码器产生。需要注意的是，只有当 A19～A13 为 0001111 时，译码电路才能产生低电平，其余数值译码电路输出都是高电平。

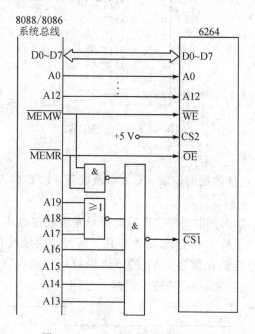

图 4-4　6264 与系统连接示意图

4.1.2　动态随机存取存储器

DRAM 的存储单元主要由 MOS 管的栅极与衬底之间的分布电容构成。当存储单元的电容有电荷时表示 1，当存储单元的电容没有电荷时表示 0。由于电容不能一直保持电荷，即存储具有易失性，因此必须不断地给电容补充电荷，称为"刷新"。

1. 2164A 的引脚

2164A 是容量为 64 K×1 b 的 DRAM 芯片，图 4-5 为 2164A 的引脚图。

(1) A0～A7：8 个地址信号输入引脚。虽然 2164A 内部能寻址到 64 K 个地址空间，但是因为其地址信号线是复用的，所以只需要 8 条地址信号线。在 2164A 内部，存储单元采用矩阵结构排列。通过片内译码，行地址信号选择一行，列地址信号选择一列，就确定了选中的存储单元。因此，2164A 的存取地址分为行地址和列地址，锁存在行地址锁存器和列地址锁存器中，分两次送到地址信号引脚上，选中要访问的地址单元。

　　(2) D_{IN} 和 D_{OUT}：数据输入/输出引脚。D_{IN} 为数据输入引脚，当 8088/8086 向 2164A 存储信息时，由 D_{IN} 引脚写入数据，并送到芯片内部；D_{OUT} 是数据输出引脚，当 8088/8086 读取 2164A 存储单元内信息时，数据由 D_{OUT} 引脚输出。需要注意的是，D_{IN} 和 D_{OUT} 每次只写入或读取 1 b。

　　(3) $\overline{RAS}$：行地址锁存信号输入引脚，该信号用于将行地址锁存在行地址锁存器中。

　　(4) $\overline{CAS}$：列地址锁存信号输入引脚，该信号用于将列地址锁存在列地址锁存器中。

　　(5) $\overline{WE}$：写入允许信号输入引脚。当 $\overline{WE}=0$ 时，数据可以写入 2164A；当 $\overline{WE}=1$ 时，可以从 2164A 读取数据。

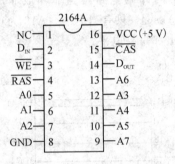

图 4-5　2164A 的引脚

2. 2164A 的工作过程

DRAM 的主要操作包括数据的读取、写入以及刷新，以 2164A 为例进行说明。

1）数据读取

图 4-6 是 2164A 的数据读取时序。行地址信号先出现在地址总线 A0～A7 的引脚上，行地址锁存信号 $\overline{RAS}$ 的下降沿将行地址锁存住，接着，列地址信号先出现在地址总线 A0～A7 的引脚上，列地址锁存信号 $\overline{CAS}$ 的下降沿将列地址锁存住；然后在 $\overline{WE}$ 为高电平，并且 $\overline{CAS}$ 为低电平时，由 D_{OUT} 端输出数据并保持。

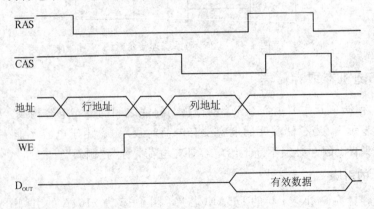

图 4-6　2164A 读取数据时序图

2）数据写入

图 4-7 是 2164A 的数据写入时序。锁存住列地址信号后，$\overline{WE}$ 要保持低电平，数据从 D_{OUT} 端写入存储单元。

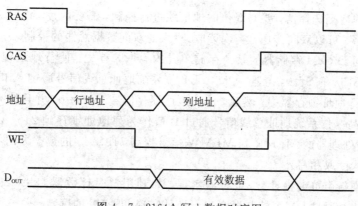

图 4-7　2164A 写入数据时序图

3) 刷新

因为 DRAM 的存储具有易失性，所以需要对存储单元定时刷新，即读取并重新写入数据的过程。图 4-8 是 2164A 的刷新时序，由行锁存信号 $\overline{\text{RAS}}$ 控制行地址进行逐行刷新，在刷新期间，不能进行读取和写入操作。

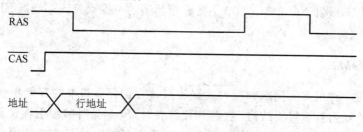

图 4-8　2164A 刷新时序图

3. 2164A 的系统连接

图 4-9 是以 2164A 为例的 DRAM 系统连接电路图。由于 2164A 存储单元是 1 b，8 片构成对 1 个字节 8 b 的访问，因此块状表示由 8 片 2164A 构成的 64 KB 存储器。74LS158

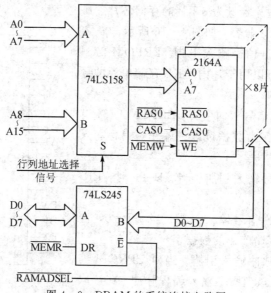

图 4-9　DRAM 的系统连接电路图

是 4 路二选一的数据选择器，要对 8 位的地址线进行控制，需要两片 74LS158。74LS245 是三态总线转换器，可以双向传送，实现读取/写入的双向数据总线的控制。

当系统访问 DRAM 存储器的某个存储单元内容时，首先，使行地址锁存信号 $\overline{RAS}=0$，并且使 74LS158 的 S＝0，导通 A 口，低 8 位系统地址总线信号通过 A 口作为行地址锁存到 2164A 的行地址锁存器中；然后，使列地址锁存信号 $\overline{CAS}=0$，并且使 74LS158 的 S＝1，导通 B 口，高 8 位系统地址总线信号通过 B 口作为列地址锁存到 2164A 的列地址锁存器中；最后，微处理器的 $\overline{MEMR}$ 和 $\overline{MEMW}$ 信号控制 74LS245 的数据方向，实现对 2164A 存储单元内容的读取和写入。

2164A 的刷新由可编程计数/定时器实现，如利用定时计数器芯片 8253，产生 15.12 μs 的 DMA 请求，通过 DMA 控制器产生行地址实现 DRAM 的刷新。

4.2　只读存储器

ROM 类型的存储器在掉电后仍能不丢失信息，常用于存放程序。ROM 包括 PROM、EPROM、EEPROM 和 Flash 等。本节主要介绍典型的可擦除只读存储器 EPROM 2764 和 EEPROM 98C64A。

4.2.1　EPROM

EPROM 是一种可多次擦除和写入数据的只读存储器。基本的存储单元由 MOS 管组成，采用特殊的双列直插封装结构，在芯片顶部有窗口，当紫外线照射在窗口上时，可擦除整个芯片的存储信息，然后，可以使用编程写入器将新的内容写入芯片中。EPROM 能够长期保存存储信息，掉电后也不会丢失。ERPOM 的工艺有 NMOS、HMOS 和 CMOS 等。下面以 HMOS 工艺的 EPROM 2764 作为典型芯片介绍 EPROM 芯片的特点和功能。

1. EPROM 2764 的引脚

ERPOM 2764 是一片容量为 8 KB 的存储芯片，其引脚与 SRAM 芯片 6264 兼容，如图 4-10 所示。

（1）A0～A12：地址信号输入引脚。ERPOM 2764 有 13 根地址信号线，可以用于片内 8 KB 存储单元的寻址。

（2）D0～D7：数据信号双向引脚。ERPOM 2764 有 8 根双向数据线，平时作为数据读取的输出，编程写入时作为数据输入。

（3）$\overline{CE}$：片选信号输入引脚。当 $\overline{CE}=0$ 时，ERPOM 2764 被选中。

（4）$\overline{OE}$：读取允许信号输入引脚。当 $\overline{CE}=0$，且 $\overline{OE}=0$ 时，可以读取存储单元的数据。

（5）$\overline{PGM}$：编程脉冲输入引脚。当对 EPROM 编程写入数据时，需要在该引脚上输入编程脉冲。在读取操作时，可以使 $\overline{PGM}=1$。

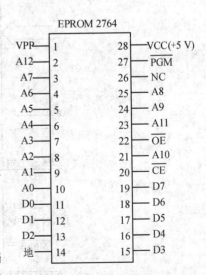

图 4-10　EPROM 2764 的引脚

（6）VPP：编程电压引脚。在对 EPROM 写入数据时，需要在该引脚上输入高电压。

2. EPROM 2764 的工作方式

ERPOM 2764 主要包括数据读取、编程写入和擦除 3 种工作方式。

1）数据读取

ERPOM 2764 常工作在此方式下，将芯片中存储的程序读取到微处理器中执行。图 4-11 是 ERPOM 2764 读取数据的时序图。当要从某存储单元读取数据时，把地址信号送到系统地址总线的 A0～A12 上，并且控制信号线满足 $\overline{CE}=0$、$\overline{OE}=0$，就可以从存储单元中读取内容到数据总线上。

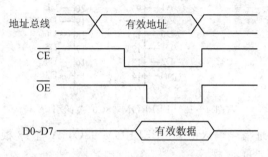

图 4-11 ERPOM 2764 数据读取时序图

2）编程写入

EPROM 有标准和快速两种编程方式。

标准编程方式要求在 VPP 引脚输入高电压，8088/8086 把地址信号送到系统地址总线的 A0～A12 上，同时，使 $\overline{CE}=0$、$\overline{OE}=0$，把要写入的数据送到数据总线，在 PGM 引脚上输入一个负脉冲，就可以将数据写入指定的地址单元中。

除了编程写入数据，还需要对数据进行校验。有两种校验方式，一种是在写入一个数据后，使 $\overline{OE}=0$，立即对写入的数据进行校验；另一种是等写入全部数据之后使 $\overline{OE}=0$ 进行校验。

由于编程脉冲较宽，约 50 ms，因此标准编程方式花费的时间较长，有些容量较大的 EPROM 需要花数小时写入。为了减少编程写入时间，可以采取快速编程方式。快速编程方式与标准编程方式相比，其编程脉冲比较窄，有些 EPROM 的编程脉冲只有 100 μs，大大缩小了编程写入数据的时间。

3）擦除

EPROM 的擦除器用紫外线照射在芯片顶部的窗口上，一般 15 min 就可以将存储器擦除干净。擦除后读取 EPROM 的全部单元，如果内容均为 FFH，则 EPROM 就擦除干净了。

4.2.2 EEPROM

EEPROM 又称为 E^2PROM，不仅可以采用电擦除的方式擦除数据，还可以在线编程写入，因此 EEPROM 芯片不需要取出来进行擦除和写入。本小节以 EEPROM 98C64A 为例说明 EEPROM 的特点和工作过程。

1. EEPROM 98C64A 的引脚

EEPROM 98C64A 是一片容量为 8 KB 的存储芯片，外部引脚如图 4-12 所示。

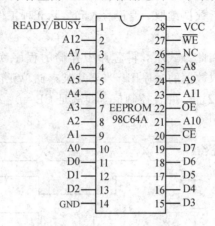

图 4-12　EEPROM 98C64A 的引脚

（1）A0～A12：地址信号输入引脚。EEPROM 98C64A 有 13 根地址信号线，可以用于片内 8K 个存储单元的寻址。

（2）D0～D7：数据信号双向引脚。EEPROM 98C64A 有 8 根双向数据线。

（3）$\overline{CE}$：片选信号输入引脚。当 $\overline{CE}=0$ 时，EEPROM 98C64A 被选中。

（4）$\overline{OE}$：读取允许信号输入引脚。当 $\overline{OE}=0$、$\overline{WE}=1$ 时，可以读取存储单元的数据。

（5）$\overline{WE}$：写入允许信号输入引脚。当片选信号有效，$\overline{OE}=1$、$\overline{WE}=0$ 时，可将数据从 D0～D7 写入所选的存储单元。

（6）READY/$\overline{BUSY}$：状态输出引脚。当 EEPROM 98C64A 正在写入数据时，此引脚输出低电平，表明芯片忙，不能处理送来的新数据；完成写入后，引脚输出高电平，表明芯片处于空闲或准备好状态，可以进行新的写入操作。所以，当写入数据时，需要检查该引脚，根据芯片的状态来决定是否传送新的数据。

2. EEPROM 98C64A 的工作方式

EEPROM 98C64A 有数据读取、数据写入和擦除 3 种工作方式。

1）数据读取

当 $\overline{CE}=0$、$\overline{OE}=0$、$\overline{WE}=1$ 时，EEPROM 98C64A 从 EEPROM 的存储单元中读取数据。

2）数据写入

EEPROM 98C64A 有字节和页两种数据写入方式。

使用字节写入方式时，一次只能写入 1 个字节的数据，写完后要等待 READY/$\overline{BUSY}$ 引脚变为高电平才能开始写入新的字节，这种写入方式的时序如图 4-13 所示。当 $\overline{CE}=0$、$\overline{OE}=1$ 时，在 $\overline{WE}$ 输入一个负脉冲，数据就写入指定的存储单元。

自动页写入方式是一次完成一页的写入，一页有 32 个字节，写完一页后，对 READY/$\overline{BUSY}$ 引脚的状态进行判断。在 EEPROM 98C64A 中，高位地址线 A12～A5 称为页地址，用于确定访问的页，A4～A0 用于确定访问 32 个字节中的哪一个。

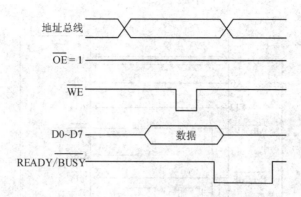

图 4-13 EEPROM 98C64A 的写入数据时序图

3）擦除

擦除只是将 FFH 写入存储单元中，可以逐个字节擦除，也可以整个芯片擦除。字节擦除与单字节的写入过程相同，片擦除则是在数据总线上保持 FFH，使 $\overline{CE}=0$、$\overline{WE}=0$，同时，$\overline{OE}$ 引脚上保持 10 ms 的 +15 V 电压，就可擦除芯片的全部单元。

EEPROM 98C64A 中的内容不受上电和断电影响，每个存储单元可以写入上万次，内容可保存 10 年以上。

4.3　存储器系统设计

任何存储芯片都存在字长、容量、存取速度和价格等限制，因此，需要使用多个存储芯片以满足系统对存储的要求。所以，在设计存储器系统时，需要使用地址译码和字位扩展等方法对多个存储芯片进行组合。本节将对地址译码和字位扩展进行介绍，同时举例说明存储系统设计的思路。

4.3.1　地址译码

存储器的地址译码有全地址译码和部分地址译码两种方式。

1. 全地址译码方式

全地址译码指对存储器进行译码时使用系统全部的地址信号，其中低位地址信号作为存储器地址输入信号，用于存储器内部存储单元寻址，高位地址信号作为译码电路的输入信号，用于产生存储器芯片片选信号。

以 8088/8086 系统和 6264 为例，8088/8086 有 20 根地址线，寻址空间为 1 MB，采用全地址译码时，系统中 6264 的每一个存储单元都有唯一的地址与之对应，即 20 根地址线都需要参与译码，其中 A0～A12 作为 6264 的输入地址线，用于芯片内部寻址，A13～A19 作为译码电路的输入，产生 6264 的片选信号。其中，译码电路可以用与门、或门、非门等逻辑门电路构成，也可以用 74LS138 等专门译码器进行设计。

图 4-14 是一片 6264 的全地址译码连接示意图，SRAM 的地址范围要求是 FE000H～FFFFFH，系统的低 13 位地址总线 A12～A0 与 6264 的地址总线相连，高 7 位地址信号 A19～A13 经过译码电路产生片选信号，只有当 A19～A13 为 1111111 时，译码电路才能产生低电平。

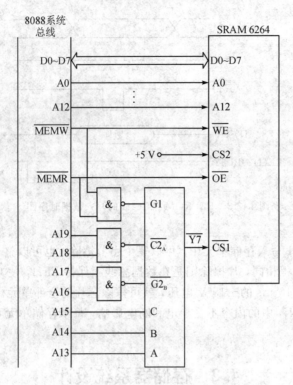

图 4 - 14　全地址译码连接示意图

2. 部分地址译码方式

部分地址译码指对存储器进行译码时使用系统部分的地址信号与存储器连接，通常是部分高位地址参与片选的译码。图 4 - 15 是部分地址译码连接示意图，与图 4 - 14 相比，图

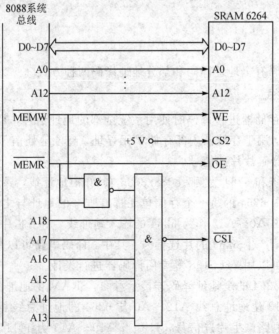

图 4 - 15　部分地址译码连接示意图

4－15 的 A19 没有参与地址译码，因此，6264 被映射到 FE000H～FFFFFH 和 3E000H～
3FFFFH 两个地址空间，即每个存储单元有 2 个地址。由于部分地址被同一个存储器占用，
因此部分地址译码减少了存储地址空间。如果对内存空间要求不高，为了简化译码电路设
计，可以考虑这种译码方式。该译码方式也常用于单存储芯片的存储器系统。

4.3.2 字位扩展

由于存储器芯片在容量和字长等方面的局限性，难以满足存储器系统设计的要求，需
要由多个存储器芯片组合起来，这称为存储器扩展，包括位扩展、字扩展和字位扩展。

1. 位扩展

存储器芯片每个存储单元的字长有 1 位、4 位或 8 位的，如 2164A 的字长是 1 b，6264
的字长是 8 b。在微处理器系统中的字长通常是 1 个字节，即 8 b。如果使用 2164A 存储器
芯片设计存储器系统，其字长不满足要求，因此需要进行位扩展来设计符合要求的字长。

位扩展的设计思路为：并联若干个存储器芯片的地址线和控制线，这些芯片的数据线
与数据总线的不同位连接。这样保持总的存储单元个数不变，但单元中的位数增加。

例如，用 2164A 构成的 64 KB 存储器。2164A 是 64 K×1 b 的 DRAM 芯片，存储单元
数符合设计要求，但是 1 b 字长不满足 8 b 的要求，需要用 8 片 2164A 进行位扩展。8 片
2164A 的地址线和控制线并联在一起，8 片的数据线分别连接到系统数据总线的 D0～D7，
如图 4－16 所示。

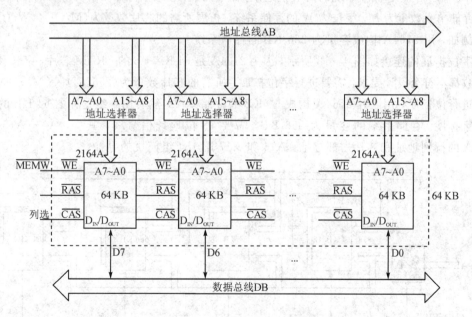

图 4－16　位扩展举例连接示意图

2. 字扩展

字扩展是指当存储单元的字长满足要求，需要增加存储单元的数量时，用多片或多组
满足字长的存储器构成设计所需的存储空间。字扩展的设计思路为：并联多片或多组芯片
的地址线、数据线和控制线，每片的片选信号与地址译码电路的不同输出相连，从而扩展

了存储单元数量，又区分了各芯片的地址。

例如，用 6264 构成容量为 16 KB 的存储系统。字扩展的连接如图 4 - 17 所示，6264 是 8 KB 的 SRAM 芯片，字长满足系统要求，但是字节数量为 8 KB，因此需要 2 片(16 KB/8 KB)6264 进行字扩展。两片芯片的地址范围为 2C000H～2DFFFH 和 3E000H～3FFFFH。

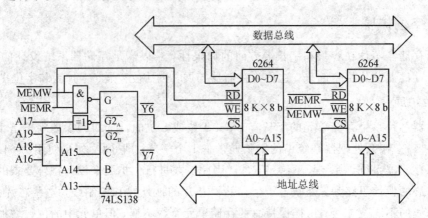

图 4 - 17　字扩展举例连接示意图

3. 字位扩展

如果一片存储器芯片无法在字长和容量两方面满足系统的设计要求，就需要进行位扩展和字扩展，满足存储器系统的需求。使用存储单元数量为 C，每单元字长为 L 的存储器，设计总存储单元数量为 M，字长为 W 的存储系统，扩展所需的芯片数量为(M/C)×(W/L)。

例如，用 2164A 构成容量为 256 KB 的存储系统。

字位扩展的连接如图 4 - 18 所示，因为 2164A 是 64 K×1 b 的 DRAM 芯片，字长和存储单元数都不符合设计要求，需要进行字位扩展，所需的芯片数量为(256/64)×(8/1)＝32 片。首先进行位扩展，用 8 片 2164A 构成 64 KB 的存储模块，然后用 4 组这样的 64 KB 的模块进行字扩展。存储系统的容量为 256 KB，需要 18 位地址信号线，其中，A0～A15 用于 2164A 的行列地址和芯片内部寻址，A16 和 A17 用于 4 组模块的寻址。

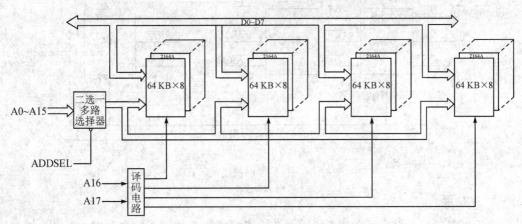

图 4 - 18　字位扩展举例连接示意图

4.3.3 存储系统设计举例

在设计存储系统时，由于字长或存储单元数量不能满足要求，需要进行字位扩展，因此会采用多片或多种存储器芯片，可以按照以下步骤进行存储系统设计：

(1) 根据设计需求及所使用的芯片，确定芯片数量；

(2) 采用位扩展、字扩展及字位扩展的方法，设计存储芯片的线路；

(3) 采用逻辑门器件或译码器设计译码电路；

(4) 编写存储器的读写控制程序。

【例 4-1】 利用 6264 构成地址范围为 00000H～0FFFFH 的存储空间。

6264 是 8 KB 的 SRAM 芯片，字长满足系统要求。系统要求的存储容量为 64 KB，因此需要进行字扩展。根据计算 64 KB/8 KB＝8，共需要 8 片 6264。8 片芯片的连接如图 4-19 所示，各片的地址范围为 00000H～01FFFH、02000H～03FFFH、04000H～05FFFH、06000H～07FFFH、08000H～09FFFH、0A000H～0BFFFH、0C000H～0DFFFH 和 0E000H～0FFFFH。

因为有多片存储器芯片，所以采用 74LS138 译码器设计译码电路。6264 有 13 根地址线，系统的地址信号 A0～A12 并联到 8 片 6264 中，A13～A15 经过译码器产生 8 片 Intel 6264 的译码。

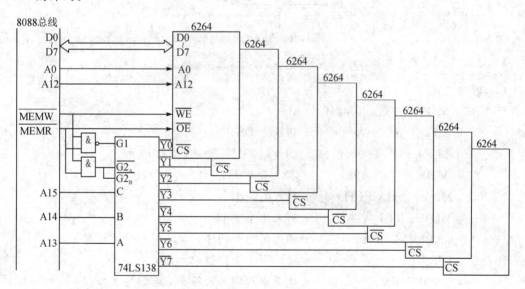

图 4-19 8 片 6264 的连接示意图

【例 4-2】 编程对地址范围 10000H～11FFFH 的 98C64A 的存储单元写入 FFH。

98C64A 是 8 KB 的 EEPROM，写入数据前，要检测 READY/$\overline{\text{BUSY}}$ 引脚状态。当该引脚为高电平时，可以写入数据，为低电平时，则需等待，该输出信号需要送到微处理器的数据总线上进行判断。98C64A 接口连接如图 4-20 所示，采用逻辑门器件设计译码电路，READY/$\overline{\text{BUSY}}$ 信号通过接口地址 0200H 读入到地址线 D0，微处理器对 D0 进行检测判断，确定是否写入新的数据。对于 READY/$\overline{\text{BUSY}}$ 的检测可以采用延时或查询的方式。

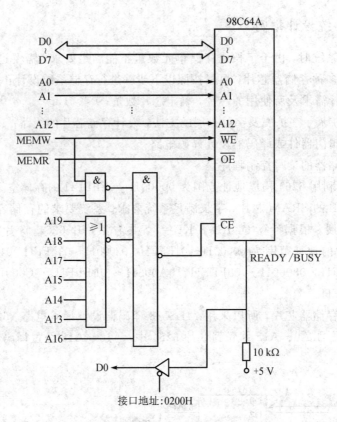

图 4 - 20 98C64A 接口连接示意图

（1）延时方式。

```
START：MOV  AX，1000H
       MOV  DS，AX        ；初始化 DS
       MOV  DI，0000H      ；DI＝1000H，第一个存储单元
       MOV  CX，8192       ；CX＝2000H，存储单元个数
NEXT ：MOV  AL，FFH        ；写入的数据
       MOV  ［DI］，AL      ；写入 1 个字节
       CALL   DELAY        ；调用延时子程序，满足写入时间要求
       INC  DI             ；指向下一个存储单元地址
       LOOP NEXT           ；如果未写完 8 K 字节，继续写入
       HLT
```

（2）查询方式。

```
START：MOV  AX，1000H
       MOV  DS， AX
       MOV  DI， 0000H
       MOV  CX，8192
       MOV  AL，FFH
NEXT ：MOV  DX，0200H      ；DX＝READY/BUSY 状态接口地址
```

```
WAIT：  IN    AL，DX        ；从接口读 98C64A 的状态
        TEST  AL，01H       ；98C64A 是否忙？
        JZ    WAIT         ；低电平表示 98C64A 处于忙，等待
        MOV   [DI]，AL      ；否则，98C64A 处于闲，写入 1 个字节
        INC   DI
        LOOP  NEXT
        HLT
```

【例 4-3】 在存储器系统中有 ROM 和 RAM 两块空间，分别存储程序和数据。ROM 空间由 EPROM 2764 组成，地址为 12000H～13FFFH，RAM 空间由 Intel 6264 组成，地址为 10000H～1lFFFH。

EPROM 2764 和 6264 分别是 8 KB 的 EPROM 和 SRAM 芯片，都满足系统 ROM 和 RAM 的容量要求，分别使用一片即可。由于有两片不同的存储芯片，故采用 74LS138 译码器设计译码电路，ROM 和 RAM 的高位地址信号 A19～A13 分别为 0001001 和 0001000，设计的译码电路如图 4-21 所示。

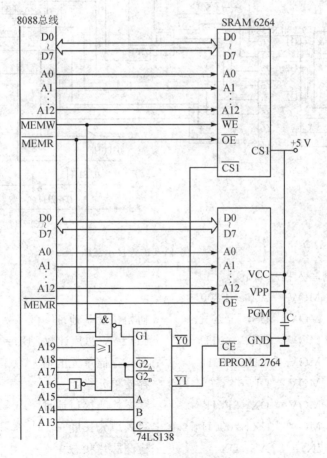

图 4-21 例 4-3 的连接示意图

【例 4-4】 以 6264 和 98C64A 芯片设计 32 KB 的 ROM 存储器和 32 KB 的 RAM 存储器，RAM 的地址范围为 F0000H～F7FFFH，ROM 的地址范围为 F8000H～FFFFFH，

ROM 存储单元的初值为 00H。

　　6264 和 98C64A 分别是 8 KB 的 SRAM 和 EEPROM 芯片，用于设计 64 KB 的空间，分别需要 4 片。由于有多片不同的存储芯片，因此采用 74LS138 译码器设计译码电路比较简洁。RAM 和 ROM 的高位地址信号 A19～A15 分别为 11110 和 11111，A14 和 A13 用于RAM 和 ROM 空间内部 4 片芯片的译码，设计的译码电路如图 4-22 所示。另外，由于对98C64A 的写入，需要考虑对 READY/$\overline{\text{BUSY}}$ 信号的检测，判断 98C64A 能否写入，所以需要为 4 片 98C64A 设计读入接口电路，READY/$\overline{\text{BUSY}}$ 依次与 A3～A0 连接，接口地址为03F0H～03F3H。

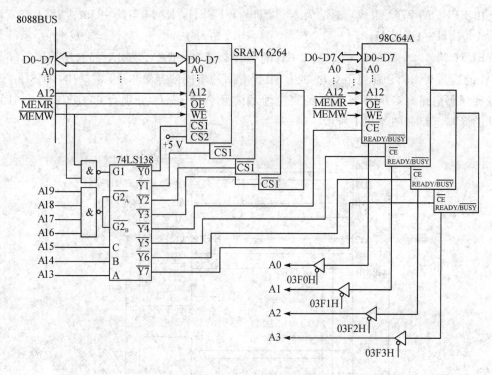

图 4-22　例 4-4 的连接示意图

存储单元数据写入程序如下。

```
            MOV    AX, F800H
            MOV    DS, AX        ;初始化段基地址
            MOV    BX, 401H      ;BH=4，芯片计数，BL=1，检测状态
            MOV    AH, 00H       ;写入存储单元的值
            MOV    DI, 0         ;存储单元指针
            MOV    DX, 3F0H      ;状态检测接口地址
NEXT：      MOV    CX, 2000H     ;写入单元长度
AGAIN：     IN     AL, DX        ;检测芯片状态
            TEST   AL, BL
            JZ     AGAIN
            MOV    [DI], AH      ;写入存储单元 00H
```

INC	DI	；指针移到下一个存储单元
LOOP	AGAIN	
INC	DX	；下一片芯片的状态接口数据位
SHL	BL，1	；指向下一片芯片的接口地址
DEC	BH	；写完一片 98C64A
JNZ NEXT		
HLT		

　　由以上例子可见，存储器系统的设计主要是译码电路。根据技术资料可以了解所使用存储芯片的引脚、容量和字长等信息，采用扩展技术，进而可以较快地设计出符合要求的存储系统。

思考与练习题

　　1. 简述 RAM 和 ROM 的区别。

　　2. 简述全地址译码和部分地址译码的区别。

　　3. 采用全地址译码方式，设计 8088 系统中采用 6264 芯片的存储系统，画出连接图，使其所占地址范围为 1E000H～1FFFFH。

　　4. 存储地址 40000H～ABFFFH 共有多少个字节？

　　5. 8088/8086 系统中内存 RAM 的容量为 256 KB，如果采用 2164A 芯片构成存储系统，需要几片 2164A？这个存储系统需要几根地址线？其中几根用于片内寻址？几根用于片选译码？

　　6. 采用 74LS138 译码器设计的译码电路如图 4 - 23 所示，分析输出端 $\overline{Y0}$、$\overline{Y2}$、$\overline{Y4}$ 和 $\overline{Y6}$ 的内存地址范围。

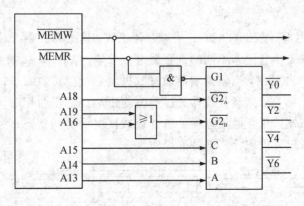

图 4 - 23　习题 6 的连接示意图

　　7. 采用 ROM 芯片 EPROM2764 和 SRAM 芯片 6264 设计 16 KB 的存储器系统。ROM 的地址为 1E000H～1FFFFH，RAM 的地址为 1000H～11FFFH。用 74LS138 设计译码电路，画出存储系统连接图。

第 5 章　接口和中断技术

I/O 接口是微处理器与外部设备交换数据的重要部件,其主要功能包括寻址 I/O 端口、缓冲和锁存 I/O 接口的交换数据,以及对信号电平形式和数据格式进行变换等。其中中断控制是接口技术中效率较高的一种处理方式,广泛应用于微处理器系统中。本章将介绍接口的工作原理、使用方法、传送方式,以及中断控制方法、处理流程和 8088/8086 的中断系统等,最后以可编程中断控制芯片 8259A 为例说明中断控制的管理和设计。

5.1　I/O 接口技术

I/O 接口是将外部设备连接到系统总线,并进行信息交互的电路的总称,本节将介绍 I/O 接口的结构和寻址方式,并以 74LS244 和 74LS273 为例说明基本的 I/O 接口电路设计方法。

5.1.1　I/O 接口概述

1. I/O 接口结构

接口之间交换的信息可以分为数据、状态和控制三类。数据信息包括数字量、模拟量和开关量;状态信息反映设备的工作状态,通过判断状态可以决定进一步的操作;控制信息一般是由微处理器发送给外设,用于控制外设的工作,例如初始化设备、启动或停止设备等。

每个 I/O 接口内部一般由对应的三类寄存器组成,这些寄存器又称为 I/O 端口,有端口地址与之对应,各类信息进入不同的寄存器进行处理,如图 5-1 所示。其中,数据端口用于数据信息的输入和输出,当微处理器通过数据输入端口接收数据时,通常端口能缓存外设发往微处理器的数据,当微处理器通过数据输出端口输出数据时,通常端口能将发送数据锁存起来;状态端口用于微处理器了解外设或接口部件的状态;控制端口用于微处理器发送控制信息,指定外设或接口部件的操作。

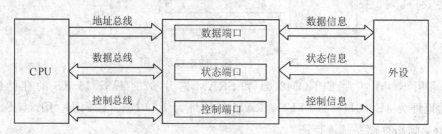

图 5-1　I/O 接口结构

2. I/O 端口编址

I/O 地址指为端口分配的地址，类似于存储单元分配的地址。一个外部设备往往对应一个或多个端口，所以有时也将 I/O 地址称为外设地址。当外设有多个端口时，通常分配一块连续的地址用于微处理器和外设访问，这块地址中最小地址称为基地址。

I/O 地址有统一编址和独立编址两种方式。

1）统一编址

统一编址指 I/O 端口与存储单元在同一个地址空间中进行编址的方式。这种方式通常需要在地址空间中保留一段连续的地址作为 I/O 端口地址，这些地址不能再被存储器使用。采用统一编址方式时访问内存的指令也可以访问外设端口，而且控制信号线可以公用，给设计带来了较大的便利。

这种方式的缺点是，由于一部分地址空间被 I/O 端口使用，缩小了存储地址范围，对内存容量有一定的影响，另外，从指令上难以区分对 I/O 端口和内存的操作。

2）独立编址

独立编址指 I/O 地址空间和内存地址空间是相互独立的。8088/8086 系统采用了独立编址方式管理内存和外设端口，内存地址空间为 1 MB，范围是 00000H～FFFFFH，外设端口地址空间是 64 KB，范围是 0000H～FFFFH。在控制电路和信号方面，当 8088/8086 微处理器的输出引脚 $IO/\overline{M}=0$ 时，访问的是存储单元，地址总线给出的是存储空间的地址；当 $IO/\overline{M}=1$ 时，访问的是外部设备，地址总线上给出的是 I/O 空间的地址。在指令方面，8088/8086 指令系统提供了 IN 和 OUT 等专门的 I/O 指令用于访问外设，以区别内存访问的指令。

因此，独立编址的特点包括：I/O 端口和内存地址空间相互独立；I/O 端口的访问有专门的控制信号；I/O 端口的控制有专门的 I/O 指令。

3. I/O 端口寻址

I/O 端口的译码与内存的译码方式类似，但是要注意以下区别：

（1）在 8088/8086 系统中，外设端口地址空间是 64 KB，只使用低 16 位地址信号 A15～A0 译码，进行外设端口的访问。而内存地址空间为 1 MB，使用全部地址信号完成内存地址的访问。

对于只有一个 I/O 地址的外设，通常 A15～A0 地址信号都参与译码，获得外设的 I/O 地址；对于有若干个 I/O 地址的外设，部分高位译码获得外设的基地址，而低位地址用于确定外设中的某个端口。

（2）当 8088/8086 微处理器处于最大模式，对 I/O 端口进行读写时，要求控制信号 $\overline{IOR}$ 或 $\overline{IOW}$ 为低电平；对存储器进行读写时，要求控制信号 $\overline{MEMR}$ 或 $\overline{MEMW}$ 为低电平。

（3）当 8088/8086 微处理器的引脚 $IO/\overline{M}=1$ 时，表明正在对 I/O 端口进行访问；当 $IO/M=0$ 时，表明正在对外部设备进行访问。

5.1.2　接口电路

由于微处理器和外设对数据的处理速度不同，因此需要设计接口电路，对交互信息进行缓存或锁存。一般认为微处理器的处理速度较快,外设的处理速度较慢。对于数据输入,要求外设的数据准备好并且微处理器在读取时才能将数据放上数据总线,通常使用三态门缓冲器作为输入接口;对于数据输出,要求接口具有锁存能力,微处理器将数据传送给锁存器之后,可以执行其他操作,而锁存器保持数据直到被外设取走。

通过译码器可以控制三态门和锁存器的数据操作,I/O指令中指定的地址通过译码控制使能信号,打开三态门或触发锁存器导通保持数据。

1. 三态门接口

74LS244是典型的三态输出的缓冲器,引脚如图 5-2 所示。74LS244内部由 8 个三态门构成,两个控制端 E1 和 E2 各控制 4 个三态门,当一组控制端有效,这组的 4 个三态门导通,否则,处于高阻状态。三态门的这种“通断”特点可以实现对输入接口的控制。在作为输入接口时,输入数据或状态能够保持一段时间,如开关状态等。此外,74LS244 还可以作为驱动信号。

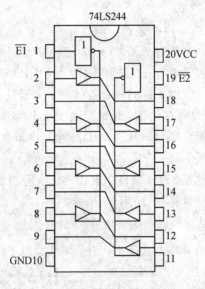

图 5-2　74LS244 的引脚

对于数据的输入,可以将两个控制端并联来控制 8 个三态门同时通断,从而实现 1 个字节的读取。对于状态的输入,可以连接 8 个开关或具有保持能力的外设。74LS244 可以使用部分引脚,对于未使用的端,注意其读入数据是任意的,需要屏蔽这些数据。

2. 锁存器接口

输出接口中可以用 D 触发器对输出数据进行锁存,74LS273 是典型的锁存器,包含 8 个 D 触发器,引脚如图 5-3 所示。D0~D7 是数据输入端,Q0~Q7 是数据输出端。引脚 S 为复位端,用于清除数据,低电平有效。引脚 CP 为脉冲输入端,在上升沿将输入端的状态锁存在输出端,保持到下一个脉冲上升沿。

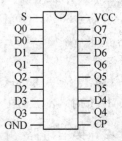

图 5-3　74LS273 的引脚

3．接口应用举例

在应用中，可以使用 74LS244 等三态门器件作为输入接口读取开关、键盘等状态，并使用 74LS273 等锁存器作为输出接口，控制发光二极管、数码管等表示输入的数字或状态。

【例 5 - 1】 编写程序读取开关 K0～K7 的状态，并将状态输出到 LED0～LED7，开关打开，点亮 LED，开关闭合，熄灭 LED，开关和 LED 共用地址 1200H，如图 5 - 4 所示。

```
MOV     DX，  1200H
IN      AL，  DX        ；读取开关状态
OUT     DX，  AL        ；输出开关到 LED
```

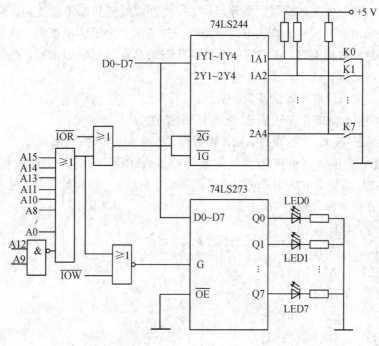

图 5 - 4　例 5 - 1 连接示意图

5.2　基本输入/输出方式

微处理器与外设之间最基本的操作是数据的输入/输出，主要有无条件传送、查询、中断和直接存储器存取 4 种方式。

1．无条件传送方式

无条件传送方式是指数据传输过程中，微处理器不查询或判断外设的状态而无条件进行数据输入输出。这种传输方式的处理程序和接口电路都比较简单，常用于数据随时都可以被读取的外设，例如发光二极管、数码管、开关、键盘、继电器和步进电机等。

例 5 - 1 中的开关 K0～K7 是一种简单的外设，其状态可以维持比较长的时间，可以随时读取开关的情况。当微处理器通过 74LS244 的三态门输入接口读取开关状态时，可以直接读取开关 K 在指令执行时的闭合或断开情况。同样，例 5 - 1 中的发光二极管也是一种简

单的外设，其状态是确定的。当 74LS273 锁存器的 Q 端输出高电平时，点亮发光二极管；Q 端输出低电平时，熄灭发光二极管，即发光二极管随时可以接收数据，不需要查询其状态。

对于数据量较少的应用，无条件传送是比较简单实用的方式，但是为了保证数据传送时外设都能处于准备好的状态，在这种方式下通常不能频繁进行传送。

2. 查询方式

虽然无条件传送方式能够满足数据交换的需求，但是很多外设不是总处于"准备好"或"空闲"的状态。对于这类外设，需要在数据传送前查询一下所处的状态，等到"准备好"或"空闲"的状态再传送数据，否则就要等待。这种对外部设备状态不断查询，根据外设状态进行数据输入输出的方式称为查询方式或条件传送方式。为了实现查询方式，外部设备除了需要传送信息的数据端口，还需要一个提供状态信息查询的状态端口。查询方式的传输数据过程通常包括以下 3 个步骤：

(1) 从状态端口读取外部设备状态字。

(2) 检测相应的状态位是否满足"准备好"的条件。

(3) 如果满足"准备好"的条件，则传输数据，否则重复步骤(1)和(2)。

【例 5 - 2】　要往打印机传送的打印字符存放在 BL 中，打印机的数据端口地址为 0220H，状态端口地址为 0221H，状态端口的 D0 为 0 表明打印机忙，为 1 时表明打印机空闲，采用查询方式编程实现。

```
      MOV   DX，0221H
PRT：IN    AL，DX
      TEST  AL，01H
      JZ    PRT
      MOV   AL，BL
      MOV   DX，0220H
      OUT   DX，AL
```

由例 5 - 2 可见，在查询方式中需要不断地检测外设状态，这样会导致 8088/8086 不能执行其他操作，降低了处理能力。如果外设出现故障，会导致状态检测陷入死循环，造成 8088/8086 出现"假死"。如果对多个外设进行轮流查询，某个外设在查询之后马上处于"准备好"状态，也要等到查询完其他外设，才能对这个外设进行检测，数据传输效率较低，实时性较差。因此，查询方式适用于与慢速、实时性要求不高的设备进行数据交换。

3. 中断方式

无条件传送和查询两种方式离不开 8088/8086 对外部设备的管理，在管理的过程中 8088/8086 不能执行其他操作。为了提高工作效率，必须使 8088/8086 和外设并行工作，发挥快速的处理能力，因此引入了中断方式。

中断方式下不需要 8088/8086 主动处理外设的数据传输。在需要数据传送时，外设发出中断请求，如果条件允许，8088/8086 在接到中断请求后中断当前的程序，转而执行对应的中断服务子程序去处理外设的数据传输操作。在数据传送结束后，8088/8086 回到中断的程序继续执行。这种方式使外设处于主动地位，8088/8086 处于被动地位，在没有中断请求时，8088/8086 可以一直处理原有的工作，大大提高了利用率，同时也保证了对外设请求响应的实时性。

中断相关的概念、原理及相关内容将在本章的后续小节讨论。

4. 直接存储器存取方式

由于无条件传送、查询和中断方式都离不开程序控制数据的输入输出，因此都称为程序控制输入输出(Programmed Input and Output，PIO)方式。虽然中断方式在 PIO 方式中有较高的实时性，但是每次数据传送都需要进行保护断点和现场等操作，限制了传输的速度，无法满足高速外设的数据交换要求。为此，出现了不经过微处理器，直接在存储器和外设之间进行数据交换的方式，即直接存储器存取(Direct Memory Access，DMA)。采用 DMA 方式时，微处理器放弃总线的控制，由 DMA 控制器(DMAC)及相关电路来控制存储器与外设的数据交换，因此数据传输速度取决于外设和内存的速度，可以满足高速外设数据传输的需求。

DMA 的系统如图 5-5 所示，其工作流程为：

(1) 当准备采用 DMA 方式进行数据传输时，外设向 DMAC 发出 DMA 传送请求信号(DRQ)。

(2) DMAC 收到请求后，向 CPU 发出使用系统数据、地址和控制总线的请求信号(HOLD)。

(3) 当 CPU 决定放弃总线控制时，一方面将总线置为高阻态，另一方面向 DMAC 发出总线响应信号(HLDA)。

(4) DMAC 收到响应信号后，一方面向外设发送 DMA 响应信号(DACK)，接管系统总线，另一方面 DMAC 自动修改源地址、目标地址以及字节计数器，控制外设与内存之间的数据传输和结束。

(5) 数据传输完毕，DMAC 将总线控制交还给 CPU。

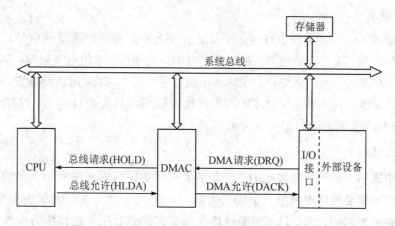

图 5-5 DMA 系统连接示意图

5.3　中断的概念及处理流程

中断是接口处理中非常重要的一种技术，能够有效扩展微处理器的功能。通常，中断又分为外部中断和内部中断，外部中断可以使微处理器实时响应外部设备的操作请求并及时加以处理，内部中断可以为处理程序运行中出现的异常情况提供有效的处理途径。

5.3.1　中断处理过程

中断指由于随机事件使微处理器暂停正在执行的程序，转去执行处理该事件的服务程序，执行完后，返回继续执行被暂停的程序的过程。在外部设备产生中断时，8088/8086 将 PC 中存储的下一条执行指令的地址压入堆栈保存，并跳转到中断服务子程序。当处理完中断响应后，从堆栈中恢复地址，使该条指令继续执行，这条指令称为断点。

将引起中断的事件称为"中断源"，分为内部中断源和外部中断源两类。

内部中断源包括：

(1) 指令执行引起的异常，例如断点、单步操作等；

(2) 中断指令 INT n 产生的处理；

(3) 特殊操作引起的异常，例如存储器越界等。

外部中断源包括：

(1) 键盘、打印机等 I/O 设备；

(2) 磁盘、采集装置等数据通道；

(3) 定时器计时溢出；

(4) 掉电等故障源。

8088/8086 中断处理的过程可以分为中断请求、中断识别、中断响应、中断处理及中断返回 5 个步骤。

1. 中断请求

外设需要 8088/8086 处理事件时，发出边沿或电平触发的中断请求信号。通常对于能够实时响应的中断，采用边沿触发，对不能实时响应的中断，采用电平触发，避免中断请求信号的丢失。在 8088/8086 系统中，非屏蔽中断信号引脚 NMI 采用边沿触发，可屏蔽中断信号引脚 INTR 采用电平触发，INTR 的中断请求信号应具有保持能力，维持到请求被响应后，INTR 信号及时撤除以避免多次响应。

2. 中断识别

考虑到中断事件的产生是随机的，存在多个中断源同时发出中断请求的情况，因此必须根据中断源的重要性给中断源一个优先级别，8088/8086 优先处理高级别中断源的请求，再响应低级别中断源的请求。识别中断事件及判定其优先顺序的过程称为中断识别或中断判优，有软件识别中断源和硬件识别中断源两种方法。

软件识别中断源指由软件判别各中断源的优先顺序，需要 INTR 信号与数据总线配合处理。当中断源发出中断请求，中断信号通过 INTR 引脚和数据总线通知 8088/8086。

8088/8086 接收到 INTR 上的中断申请并能够响应时，程序读取数据总线，逐位查询各外设的中断状态，然后转入中断服务程序，查询过程的先后次序就决定了中断源优先级别的高低。软件识别方法电路简单、灵活性高，但软件查询过程长，在中断源较多的情况下实时性较低。

硬件识别中断源指采用硬件电路或中断控制器来判别各中断源的优先顺序。较为常用的是使用链式电路和中断控制器。链式电路的设计是将中断源构成一个菊花链路，链路前面中断源的级别优先于后面，并且级别高的中断能够自动封锁级别低的中断，级别低的中断不能封锁级别高的中断，所以，链式电路可以实现中断的嵌套。中断控制器根据中断向量码确定中断源，每一个中断源分配一个编号，根据编号可以查找中断源对应的中断服务程序入口。在中断控制器中有优先级判别器，用于识别中断源的优先级。对于多个中断产生请求的情况，响应中断时，将多个中断源中优先级最高的中断的向量码送给 8088/8086，优先对此向量码对应的中断进行处理。

此外，中断识别还要决定是否进行中断嵌套的问题。当 8088/8086 正在响应一个中断请求并进行处理时，如果有更高优先级的中断源发出请求，则 8088/8086 需要对其进行响应和处理，这样就会出现中断嵌套；如果是比当前优先级低的中断源发出请求，中断识别应该屏蔽这个请求，完成正在进行的中断后再响应优先级低的中断源的请求。

3. 中断响应

中断源识别后，发出请求的中断源中优先级最高的中断输入到 8088/8086 的 NMI 或 INTR 引脚上，但是 8088/8086 并不是随时都可以对中断请求进行响应，必须满足 4 个条件：

（1）接收到中断请求；

（2）8088/8086 的中断没有被屏蔽；

（3）指令执行结束；

（4）没有复位、保持、内部中断和非屏蔽中断请求。

8088/8086 可以响应中断时，除了要向中断源发出应答信号外，还要进行以下处理：

（1）将状态标志寄存器 FLAGS 压入堆栈，保护硬件现场；

（2）将断点的段基地址和偏移地址压入堆栈，保护断点；

（3）获得中断服务程序入口。

4. 中断处理

中断处理的过程就是执行中断服务程序的过程，中断服务子程序与一般子程序的区别在于中断服务子程序是远过程，使用 IRET 指令返回主程序。此外，中断服务子程序中还需要完成以下处理：

（1）保护现场。因为寄存器的内容在中断前后需要保持一致，如果中断服务程序中用到相关的寄存器，需要在处理程序开头将这些寄存器中的内容保护起来，这称为保护现场。然后，在处理程序末尾恢复这些寄存器的内容，这称为恢复现场。通常用 PUSH 和 POP 指令实现保护现场和恢复现场的处理，需要注意的是入栈和出栈的顺序。

（2）打开中断。在响应中断时会自动将 IF 置零，从而屏蔽中断，如果允许高级中断请求能够响应，形成中断嵌套，则需要将 IF 置为 1。

（3）执行中断处理。不同的中断源需要执行不同的中断服务程序。中断服务程序不宜过长，要减少中断处理停留的时间，否则会影响实时处理其他中断源。

（4）关闭中断。中断服务程序执行完后，在返回原程序之前，为了确保正确恢复现场，避免在恢复过程中对高优先级的中断响应，需要关闭 CPU 的中断。

（5）恢复现场。把在步骤（1）中压入堆栈的寄存器内容按相反顺序出栈，使寄存器恢复响应中断前的状态。

5．中断返回

中断返回指完成中断服务程序，返回被中断程序的过程。为了能正确返回到原断点处，在 8088/8086 的中断服务程序的最后放置一条中断返回指令 IRET，中断返回指令的作用实际上是恢复断点，即保护断点的逆过程。

5.3.2　8088/8086 中断系统

8088/8086 的中断系统可以处理 256 种中断，每种中断都有一个 0～255 中断类型码，根据中断类型码可以识别不同的中断源，来自 8088/8086 外部的中断源称为外部中断，来自 8088/8086 内部的中断源称为内部中断，如图 5-6 所示。

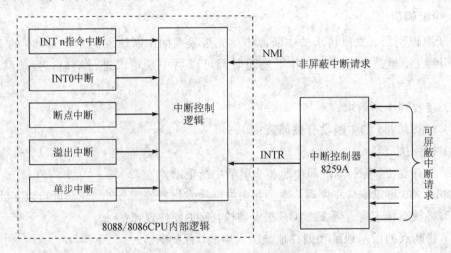

图 5-6　8088/8086 的中断类型

1．内部中断

内部中断指由于 8088/8086 内部执行程序出现异常产生的中断，这类中断与外部硬件电路无关，也称为软件中断。软件中断共有 5 种类型。

1）除法错中断（0 型中断）

8088/8086 执行除法指令时，如果除数为 0 或商超过了寄存器的最大值范围，就会产生一个 0 型中断。

2）单步中断（1 型中断）

当陷阱标志 TF 置 1 时，8088/8086 处于单步工作方式。单步工作常用于程序调试，8088/8086 完成一条指令处理会自动产生类型号为 1 的中断，可利用其对程序运行情况进行观察。需要注意的是，在处理中断过程中，8088/8086 自动把状态标志字压栈，然后将 TF 和 IF 置 0，所以执行中断处理不处于单步方式，只有完成中断处理，从堆栈恢复原来的标志，才能回到单步方式。另外，8088/8086 的指令中没有给 TF 赋值的指令，但可以利用 PUSHF 和 POPF 指令修改 TF 的内容。

3) 断点中断(3 型中断)

8088/8086 提供了单字节指令 INT 3 用于设置断点，执行这条指令会产生类型码为 3 的中断，用于程序在程序调试时设置断点。

4) 溢出中断(4 型中断)

有符号数运算产生溢出时，OF＝1，如果这时执行 INTO 指令，则产生类型码为 4 的中断，打印出错误信息；如果 OF＝0，INTO 指令不产生中断，继续执行后续的指令。

5) 自定义中断(n 型中断)

执行指令 INT n 会产生一个类型号为 n 的软件中断，指令中操作数 n 指定了中断类型。

内部中断的类型码都固定或包含在指令中，除了 1 型中断，都不受状态标志 IF 的影响，每种类型的内部中断服务子程序需要根据应用进行编写。

2. 外部中断

外部中断指由外部硬件或接口产生的中断，也称为硬件中断。硬件中断分为非屏蔽中断和可屏蔽中断。8088/8086 为非屏蔽中断和可屏蔽中断分别提供引脚 NMI 和 INTR 输入中断信号。

1) 非屏蔽中断

非屏蔽中断常用于处理掉电、停机等紧急情况或重大故障，通过在 NMI 引脚上输入一个上升沿触发信号通知 8088/8086，类型码为 2。当外部出现非屏蔽中断时，微处理器完成当前指令后立即进行中断处理。

2) 可屏蔽中断

可屏蔽中断是指受 IF 标志位影响，可以被屏蔽的中断。可屏蔽中断通过在 INTR 引脚上输入一个高电平信号通知 8088/8086。当 IF 为 1 时，CPU 可以响应可屏蔽中断源产生的请求；当 IF 为 0 时，8088/8086 不响应任何可屏蔽中断源产生的请求。8259A 常用于外部设备中断请求的统一管理，由 8259A 确定是否允许外设向微处理器发出请求。

3. 中断向量表

在 8088/8086 的中断系统中，所有中断源都有中断类型码，长度为 1 个字节。根据类型码可以找到中断服务子程序的入口地址，这个入口地址又称为中断向量。中断向量集中存放在内存 00000H ～ 003FFH 的区域中，称为中断向量表。中断向量按照中断类型码顺序存放，如图 5-7 所示。每个中断向量长度为 4 个字节，低位地址 2 个字节存放入口地址的偏移量，高位地址 2 个字节存放段地址。

根据类型码计算中断向量地址的公式为：中断向量在表中的存放地址＝n×4。例如，类型码 20H 的中断向量存放在 4×20H＝0080H 开始的 4 个字节单元中，然后，将 0080H 和 0081H 内存单元的内容装入 IP，0082H 和 0083H 内存单元的内容装入 CS，8088/8086

就可以转入类型码 20H 的中断服务子程序。

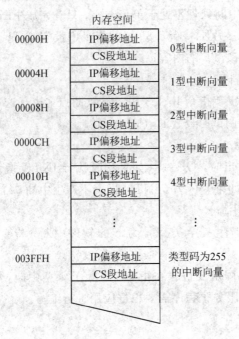

图 5-7　中断向量表

可以通过编写程序设置中断向量，即将中断服务程序的入口地址通过指令写入中断向量表中相应的单元，例如：

　　　　MOV　DS, 0000H
　　　　MOV　SI, 类型号×4
　　　　MOV　AX, 中断服务程序偏移地址
　　　　MOV　[SI], AX
　　　　MOV　AX, 中断服务程序段地址
　　　　MOV　[SI+2], AX

4. 中断处理过程

8088/8086 对不同类型中断的响应各不相同，区别在于获得相应的中断类型码。

1) 内部中断响应过程

内部中断没有 INTA 信号的响应周期，也不会被 IF 位屏蔽，而且具有可预测性。内部中断的类型码不需要从外部输入，由指令给定或者硬件自动形成，例如 INT n 由指令给出类型码，除法溢出、单步、断点和溢出等是自动形成类型码。获得类型码后的处理过程如下：

(1) 类型码乘以 4 获得中断向量的地址；

(2) 保护硬件现场，将状态标志寄存器压栈；

(3) IF 和 TF 置 0，屏蔽新中断；

(4) 保存断点；

(5) 根据中断向量地址，将中断服务子程序的入口地址送 IP 和 CS，转入中断服务子程序。

在内部中断服务子程序中，首先要保护软件现场，即将处理程序中用的寄存器压栈，然后执行处理指令，完成后，保存的寄存器出栈恢复现场，最后执行指令 IRET 返回断点继续执行被中断的程序。

2）外部中断响应过程

外部中断分为非屏蔽和可屏蔽两种，两者的中断响应过程有所不同。

非屏蔽中断响应与 NMI 中断和内部中断类似，不受 IF 标志位的屏蔽，没有中断响应周期，也不用给出类型码，自动按类型码 2 计算中断向量地址，其后的处理过程和内部中断相同。

可屏蔽中断响应必须满足一定条件，当发出请求信号时，如果 CPU 的 IF 位为 1，没有屏蔽中断，同时，没有内部中断、非屏蔽中断及总线请求，则 CPU 响应此中断。外部设备通过中断控制器 8259A 发出请求信号时，8259A 识别中断源获得中断向量号，并且向 CPU 的 INTR 引脚发送高电平作为中断请求信号。在满足响应的条件下，CPU 完成当前指令后，向 8259A 连续发出两次响应信号 $\overline{INTA}$。发出第一个 $\overline{INTA}$ 信号时，CPU 表示响应该可屏蔽中断请求，并将地址和数据总线置为高阻状态，禁止其他总线控制器的请求；发出第二个 $\overline{INTA}$ 信号时，通知 8259A 将类型码通过数据总线提供给 CPU，获得类型码后的处理和内部中断类似。

以上这些中断的优先级由 CPU 识别的顺序确定，在完成当前指令后，CPU 查询是否有内部中断，然后依次查询非屏蔽中断和可屏蔽中断，最后查询是否有单步中断，处理流程如图 5-8 所示。

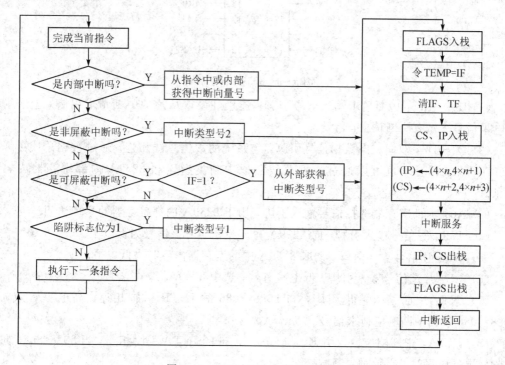

图 5-8　8088/8086 中断处理流程

5.4　中断控制器 8259A

8259A 是 Intel 公司的可编程中断控制器（Programmable Interrupt Controller）芯片，用于管理 8088/8086 系统的外部中断，具有判断中断优先级、提供类型号、屏蔽中断等功能。单片 8259A 可管理 8 个中断源，多片可以进行级联，9 片 8259A 级联可以实现最多 64 个中断源的扩展。8259A 有多种工作方式，可以通过编程进行设置。

5.4.1　8259A 的引脚及内部结构

1. 8259A 的引脚

8259A 的引脚如图 5-9 所示。

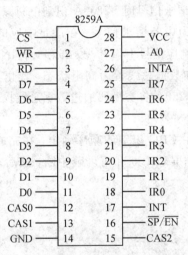

图 5-9　8259A 的引脚

(1) IR0～IR7：中断请求输入信号引脚，连接外设或从片的中断请求引脚，上升沿或高电平信号表示有中断请求产生。

(2) D0～D7：双向三态数据信号引脚，与系统的数据总线相连。通过数据总线可以向 8259A 写入命令字，也可以通过数据总线获取中断类型码和 8259A 内部寄存器内容等信息。

(3) A0：内部寄存器选择信号输入引脚，用于 8259A 内部寄存器的寻址访问。

(4) $\overline{\text{WR}}$：写信号输入引脚，向 8259A 写入命令字时该信号为低电平。

(5) $\overline{\text{RD}}$：读信号输入引脚，读取 8259A 中的寄存器内容时为低电平。

(6) $\overline{\text{CS}}$：片选信号输入引脚，低电平有效，选中 8259A。

(7) INT：中断请求输出引脚，与 8088/8086 的 INTR 引脚相连，高电平有效，向 8088/8086 发出中断响应请求信号。

(8) $\overline{\text{INTA}}$：中断响应输入引脚，与 8088/8086 的 $\overline{\text{INTA}}$ 引脚相连，当 8088/8086 向此引脚发出低电平时，表示对中断响应。

(9) CAS0～CAS2：级联控制信号引脚，选择不同的级联芯片。主片和从片的 CAS0～

CAS2 相连,当 8259A 作为主片时,该引脚作为输出;当 8259A 作为从片时,该引脚作为输入。

(10) $\overline{\text{SP}}/\overline{\text{EN}}$:从片/允许缓冲信号双向引脚。处于缓冲方式时,作为输出引脚,控制缓冲区传送方向;处于非缓冲方式时,用于区分 8259A 是作为主片还是从片,只有 1 片 8259A 时接高电平。

2. 8259A 的内部结构

8259A 内部由 8 个模块组成,如图 5 - 10 所示。

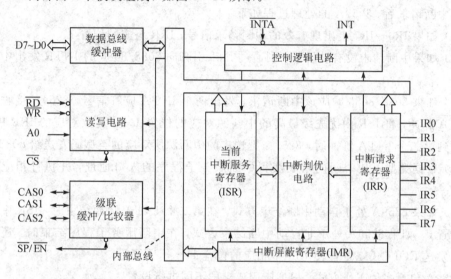

图 5 - 10　8259A 的内部结构

(1) 中断请求寄存器(Interrupt Request Register,IRR):IRR 是具有锁存功能的 8 位寄存器,用于保存 8 个外设的中断请求信号,当与 IR0～IR7 连接的外设发出中断请求信号时,IRR 中的相应位置 1。

(2) 中断服务寄存器(Interrupt Service Register,ISR):ISR 是 8 位寄存器,用于保存正被 CPU 处理的中断源,每一位 IS0～IS7 对应每一个中断源 IR0～IR7。在接收到 $\overline{\text{INTA}}$ 应答信号后,8259A 使当前被处理的中断对应的 ISR 置 1,相应的 IRR 复位。出现中断嵌套时,ISR 中可能有多个位为 1。

(3) 中断屏蔽寄存器(Interrupt Mask Register,IMR):IMR 是 8 位寄存器,用于保存要屏蔽的中断源,每一位对应每一个中断源 IR0～IR7。某位的值为 1 时,表示相应中断源的中断请求被屏蔽;某位的值为 0 时,表示开放相应的中断源的中断请求。

(4) 中断判优电路:在中断源发出请求时,用于管理 IRR 中各位对应中断源的优先权级别,决定是否发出中断请求。在中断响应时,决定将 ISR 中哪一位置为 1 并送出类型码。在中断结束时,决定 ISR 的哪一位置为 0。

(5) 数据总线缓冲器:与系统的数据总线相连的 8 位双向三态缓冲器,用于向 8259A 写入命令字、读取内部寄存器的状态和中断类型码。

(6) 读写电路:用于在命令字写入和状态字读取时,获得地址信息和读写信号 $\overline{\text{IOW}}$ 和 $\overline{\text{IOR}}$,产生 8259A 的内部控制信号。

(7) 控制逻辑：根据设定的工作方式管理 8259A，发送中断请求信号 INT 和接收中断响应信号 $\overline{\text{INTA}}$，将接收的信号转换成 8259A 的内部控制信号。

(8) 级联缓冲/比较器：控制多片 8259A 的级联，扩展系统的中断源，可以实现最多 64 个中断源的扩展。

5.4.2 8259A 的工作方式

8259A 上电或复位后，需要进行初始化指定工作方式，完成后，8259A 处于就绪状态。当出现中断请求后，8259A 的处理过程如下：

(1) 如果 IR0～IR7 上出现有效的中断请求信号，IRR 对应的位置 1。

(2) 如果中断请求没有被屏蔽，则通过 INT 引脚向 8088/8086 的 INTR 发出中断请求信号。

(3) 如果 8088/8086 响应该中断请求，发出两个 $\overline{\text{INTA}}$ 应答信号。8259A 接收到第一个 $\overline{\text{INTA}}$ 脉冲，将 ISR 内优先级最高的中断源对应的位置 1，并复位对应的 IRR 中的位。当接收到第二个 $\overline{\text{INTA}}$ 脉冲时，8259A 把选定的中断源所对应的类型码发送给 8088/8086。

(4) 根据类型码从中断向量表获得中断服务子程序的入口地址，并执行相应的中断处理。

(5) 如果 8259A 处于自动中断结束方式，在第二个 $\overline{\text{INTA}}$ 脉冲结束时，ISR 中相应的位自动置 0。如果 8259A 处于非自动中断结束方式，在中断服务子程序结束时，还需要向 8259A 发送 EOI 命令，才能使 ISR 中相应的位置 1。

8259A 包括多种工作方式，根据应用要求的不同进行设置。

1. 中断嵌套方式

当更高优先级的中断打断当前中断处理时，就会出现中断嵌套。8088/8086 提供了以下两种中断嵌套方式。

1) 普通(一般)全嵌套方式

普通全嵌套方式是 8259A 常用的工作方式。当 8088/8086 响应中断时，在 ISR 内，8259A 将发出请求中优先级最高的中断源对应的位置 1，并把对应的类型码送到数据总线。在中断处理过程中，不响应同级和较低优先级的中断请求，如图 5-11(a)所示。普通全嵌套方式常用于单片 8259A 的情况。

2) 特殊全嵌套方式

8259A 工作在特殊全嵌套方式时，如果从片中更高优先级的中断源发出请求，则给予响应，常用于级联情况，图 5-11(b)是特殊全嵌套方式可以响应的中断情况。

在特殊全嵌套方式中，中断结束时要检查当前中断是否为从片的唯一中断。先向从片发中断命令 EOI，然后读 ISR 内容，如果为 0 表示该从片没有正在处理的中断，这时，可以向主片发送 EOI 命令，结束该从片的处理；否则，说明从片中有多个中断请求，而且还未全部处理完，不能向主片发送 EOI 命令。

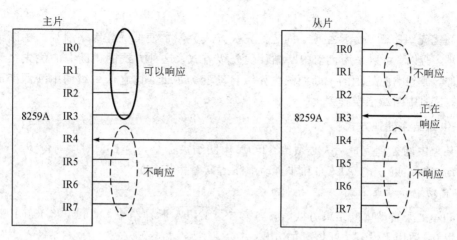

(a) 普通(一般)全嵌套方式可以响应的中断举例

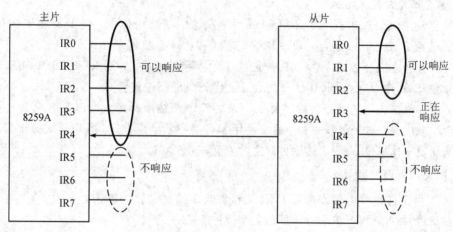

(b) 特殊全嵌套方式可以响应的中断举例

图 5 - 11　8259A 的中断嵌套处理

2. 中断优先方式

8259A 提供了固定优先级和循环优先级两类控制方式。

1) 固定优先级方式

8259A 复位后处于固定优先级方式，并且 IR0 的优先级最高，IR7 的优先级最低，通常情况下中断优先级是固定不变的，但是可以编程改变顺序。图 5 - 12 给出了两种固定优先级的顺序。

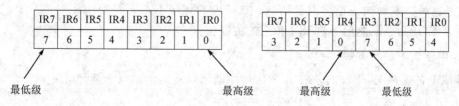

图 5 - 12　8259A 的固定优先级方式

2）循环优先级方式

当高优先级中断频繁产生时，固定优先级方式会经常使低优先级中断源的中断请求得不到处理。所以，可以采用自动中断循环优先级方式。这种方式的中断源的优先级顺序是会变化的，得到响应处理的中断源的优先级自动变为最低，比它低一级的中断源变成最高优先级，其他中断源依次排列。

3. 中断结束处理方式

当某个中断处理完成后，必须给 8259A 中断结束命令，使 ISR 对应的位为 0。8259A 分为自动中断结束方式（AEOI）和非自动中断结束方式（EOI）。

1）自动中断结束方式

8259A 处于自动中断结束方式时，当第二个 $\overline{\text{INTA}}$ 脉冲结束，8259A 将 ISR 中相应的位自动置 0，适用于没有中断嵌套的方式。

2）非自动中断结束方式

在非自动中断结束方式下，必须向 8259A 发送中断结束命令，将 ISR 相应的位置 0。这种中断结束方式还可以分为一般中断结束方式和特殊中断结束方式。

（1）在普通全嵌套方式下，8259A 处于一般中断结束方式，当 8088/8086 向 8259A 发出中断结束 EOI 命令时，ISR 内为 1 的位中，优先级最高位置为 0。

（2）在特殊全嵌套方式下，程序要发一条特殊中断结束命令，指出要清除 ISR 中的某位。需要注意的是，对于级联结构，通常使用非自动中断结束方式，在中断服务子程序结束时，向从片发一次 EOI 命令，然后再向主片发送一次 EOI。

4. 屏蔽中断源方式

8259A 可以通过将内部寄存器 IMR 某位置为 1 而屏蔽该中断源，不响应其中断请求，8259A 的 8 个中断源都可单独进行屏蔽，有两种屏蔽方式。

1）普通屏蔽方式

这种屏蔽方式是通过指令将屏蔽字写入 IMR 实现对中断请求的开放和禁止，某位写入 1，中断请求被禁止，写入 0，中断请求被开放。

2）特殊屏蔽方式

在有些情况下，希望能动态地调整优先级结构，即在执行较高优先级的中断处理时，也能响应较低优先级的中断请求，普通屏蔽方式无法满足这个要求。采用特殊屏蔽方式（Special Mask Mode，SMM）可以在中断服务程序写入中断屏蔽字，将 ISR 对应当前处理中断的位置为 1，同时将较低优先级中断对应的位置为 0，从而屏蔽当前正在处理的中断，并开放较低优先级的中断请求。特殊中断屏蔽方式提供了响应较低优先级中断请求的方法，但是这种方式影响了正常嵌套结构，被处理的程序不一定是当前优先级最高的中断，所以正常 EOI 命令不能用于使 ISR 相应的位复位。

5. 中断请求触发方式

外部设备通过 IR 引脚向 8259A 发出的中断请求有边沿和电平两种触发方式。

1）边沿触发方式

当 8259A 设置为边沿触发工作方式，则将 IR 引脚上出现上升沿作为中断请求信号产生。

2）电平触发方式

当 8259A 设置为电平触发工作方式，则将 IR 引脚上出现高电平作为中断请求信号产生，在中断请求得到响应后要及时撤除高电平，否则可能引起第二次中断。

注意：无论哪种触发方式，中断请求信号都要维持高电平直到第一个中断应答信号$\overline{\text{INTA}}$结束之后。如果中断请求信号提前变成低电平，8259A 就会自动认为是 IR7 的中断请求，通过在 IR7 的中断服务子程序中直接返回，就可以滤除类似中断请求的噪声，如果需要使用 IR7，也可以通过读取 ISR 状态来区分中断请求和噪声。

6. 级联工作方式

当中断源超过 8 个时，就需要采用级联工作方式来管理中断。其中，一片 8259A 是主片，中断请求信号 INT 引脚与 8088/8086 的 $\overline{\text{INTR}}$ 连接。其余的 8259A 作为从片，其中断请求信号 INT 引脚与主片的 IR 引脚连接。因为 IR 输入引脚有 8 个，所以主片可以连接 8 片从片，最多允许有 64 个中断源输入中断请求。主片的 CAS0～CAS2 输出从片选择信号，连接到从片的 CAS0～CAS2。图 5-13 是一片主片 8259A 和一片从片 8259A 的连接图，两个 8259A 都有各自的地址。

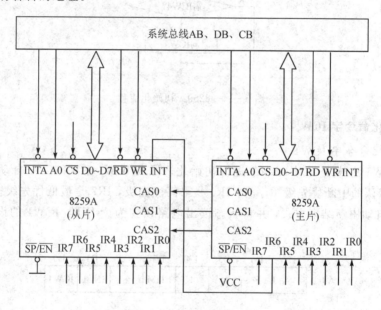

图 5-13　8259A 的级联

在上电或复位后，不论主片 8259A 还是从片 8259A，都要用各自的程序进行初始化。在中断响应时，主片 8259A 通过 CAS0～CAS2 通知相应的从片将中断源对应的类型码放到数据总线上。在中断处理完成时，要分别向主片和从片发送 EOI 命令，使主片和相应的从片的内部寄存器复位，从而结束中断操作。

5.4.3　8259A 的编程

上电或复位后，必须给 8259A 设定工作方式才能正常工作，这个过程称为初始化。此外，在 8259A 工作时，还需要改变工作方式或查询寄存器状态，这些操作都是通过编程写入命令字完成。8259A 的命令字包括初始化命令字（Initialization Command Word，ICW）和操作命令字（Operation Command Word，OCW）。ICW 用于对 8259A 进行初始化，OCW 用于控制操作和查询状态。因此，8259A 的编程可以分为初始化和操作控制编程两个步骤。

（1）初始化编程：编写程序向 8259A 写入 2～4 个 ICW，使 8259A 处于设定的工作方式。初始化必须按照图 5-14 所规定的顺序写入。

（2）操作控制编程：编写程序向 8259A 写入 OCW，设置 8259A 的操作方式或查询内部寄存器状态。

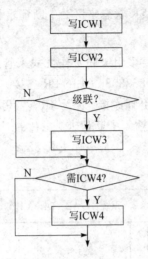

图 5-14 8259A 初始化流程

1. 初始化命令字 ICW

1）初始化命令字 ICW1

写入 ICW1 意味着要对 8259A 进行初始化。写入 ICW1 后，8259A 自动清除 ISR 和 IMR，设置默认的中断优先级顺序为：IR0 是最高优先级，IR7 是最低优先级。采用普通屏蔽方式和非自动中断结束方式，并将状态读出电路预置为读 IRR。ICW1 的设定功能如图 5-15 所示。

	D7	D6	D5	D4	D3	D2	D1	D0
A0=0	×	×	×	1	LTIM	×	SNGL	ICW4

图 5-15 初始化命令字 ICW1 的格式

在图 5-15 的 ICW1 命令字中各位的含义如下：

D4：ICW1 的特征位。

D3：D3 为 1 时，IR0～IR7 高电平触发；D3 为 0 时，IR0～IR7 上升沿触发。

D1：D1 为 1 时，单片 8259A；D1 为 0 时，级联方式。

D0：D0 为 1 时，写 ICW4；D0 为 0 时，默认值，不写 ICW4。

例如：要求电平沿触发、多片级联、不写 ICW4，则将 00011000＝18H 写入 ICW1。

2）初始化命令字 ICW2

ICW2 是中断类型码寄存器，用于保存类型码。在初始化时，只需设定高 5 位的值，最后 3 位可以是任意值，如图 5-16 所示。当 8088/8086 响应中断后，8259A 将中断源编号自动填入后 3 位发送给 8088/8086。

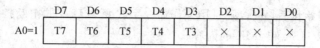

图 5-16 初始化命令字 ICW2 的格式

在图 5-16 的 ICW2 命令字中各位的含义如下：

D7～D3：中断向量码高 5 位。

D2～D0：IR0～IR7 的中断源序号。

例如：ICW2 被设置为 20H，即中断类型码为 20H～27H。

3）初始化命令字 ICW3

ICW3 是级联控制字，仅用于级联方式，表明主片和从片的连接关系，主片和从片的 ICW3 格式不同，如图 5-17 所示。

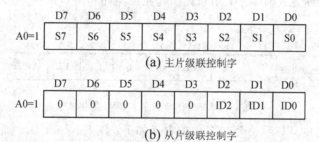

图 5-17 初始化命令字 ICW3 的格式

在图 5-17 的 ICW3 命令字中各位的含义如下：

主片的 D7～D0：D7～D0 为 1 时，对应 IR 引脚上连接了从片，否则，没有连接从片。

从片的 D2～D0：从片标识码，表示连接到第几个 IR 引脚上。

注意：主片 ICW3 各位必须与相连从片 ICW3 的序号一致。例如，从片的 INT 连接主片的 IR6，主片 ICW3 的 S6 位应该为 1，从片的 ICW3 为 06H。

4）初始化命令字 ICW4

ICW4 是中断结束方式字，用于设定级联方式下的优先级管理方式、主从方式以及中断结束方式等，如图 5-18 所示。

	D7	D6	D5	D4	D3	D2	D1	D0
A0=1	0	0	0	SFNM	BUF	M/S	AEOI	1

图 5-18 初始化命令字 ICW4 的格式

在图 5-18 的 ICW4 命令字中各位的含义如下：

D4：D4 为 1 时，特殊全嵌套方式；D4 为 0 时，一般全嵌套方式。

D3～D2：D3～D2 值为 0X 时，非缓冲方式；D3～D2 值为 10 时，主片，缓冲方式；D3～D2 值为 11 时，从片，缓冲方式。

D1：D1 为 1 时，自动中断结束方式；D1 为 0 时，非自动中断结束方式。

2. 操作命令字 OCW

8259A 完成初始化后，可以随时用操作命令字改变 8259A 的中断控制方式，屏蔽某些中断源和读出 IRR、ISR 和 IMR 的内容。

1）操作命令字 OCW1

OCW1 称为中断屏蔽字，用于设置中断源 IRi 是否被屏蔽，1 为屏蔽中断，0 位开放中断。初始化后该操作命令字全为 0，即开放全部中断，如图 5-19 所示。

	D7	D6	D5	D4	D3	D2	D1	D0
A0=1	M7	M6	M5	M4	M3	M2	M1	M0

图 5-19　操作命令字 OCW1 的格式

2）操作命令字 OCW2

OCW2 称为中断方式命令字，用来控制优先级循环和中断结束方式，OCW2 的格式如图 5-20 所示。

	D7	D6	D5	D4	D3	D2	D1	D0
A0=0	R	SL	EOI	0	0	L2	L1	L0

图 5-20　操作命令字 OCW2 的格式

在图 5-20 的 OCW2 命令字中各位的含义如下：

D7：R(Rotate)，优先级循环控制位。R=1 为优先级循环方式，R=0 为优先级固定方式，IR7 优先级最低，IR0 优先级最高。

D6：SL(Specific Level)，该位设置是否指定一个中断级为最低优先级。SL 为 1 时，L2～L0 对应的 IRi 设置成最低优先级；SL 为 0 时，L2～L0 无效。

D5：EOI(End of Interrupt)，中断结束命令。在一般中断结束方式中，EOI 为 1 时，复位 ISR 中最高优先级对应的位；在特殊中断结束方式中，EOI 为 1，并由 L2～L0 指定复位 ISR 中相应的位。

D4～D3：OCW2 特征位。

D2～D0，L2～L0：可以表示 8 个二进制编码，可以用于指定 EOI 命令或复位 ISR 中需要设置的位。

3）操作命令字 OCW3

OCW3 称为状态操作命令字，用于设定特殊屏蔽方式、查询中断请求，以及读取 8259A 的 IRR 和 ISR 的状态。OCW3 的格式如图 5-21 所示。

	D7	D6	D5	D4	D3	D2	D1	D0
A0=0	×	ESMM	SMM	0	1	P	RR	RIS

图 5-21　操作命令字 OCW3 的格式

在图 5-21 的 OCW3 命令字中各位的含义如下：

D6～D5：ESMM 和 SMM 两位决定 8259A 是否工作于特殊屏蔽方式，D6～D5 为 11 时，8259A 为特殊屏蔽方式；D6～D5 为 10 时，8259A 为一般屏蔽方式。

D4~D3：OCW3 特征位。

D2：D2 为 0 时，非查询方式；D2 为 1 时，查询方式。

D1~D0：D1~D0 为 10 时，随后读 IRR；D1~D0 为 11 时，随后读 ISR。

OCW3 还可以用命令读取 IRR、ISR 和 IMR 等的内容。8088/8086 将 OCW3 的 RR 和 RIS 置为 10，写入 8259A，再读取同一地址，就可以获得 IRR 的内容；8088/8086 将 OCW3 的 RR 和 RIS 置为 1，写入 8259A，再读取同一地址，就可以获得 ISR 的内容。8259A 对 OCW3 的应答格式如图 5-22 所示。

| I | × | × | × | × | R2 | R1 | R0 |

图 5-22 状态查询应答的格式

在图 5-22 中，I=1 表示 IR7~IR0 中有中断请求产生，R2~R0 给出了最高优先级的 IR 信号的编码；I=0 表示无中断请求产生。

5.4.4 8259A 应用举例

【例 5-3】 在某计算机系统中只有一片 8259A，可连接 8 个外部中断源，如图 5-23 所示。8259A 的端口地址为 20H 和 21H，采用电平触发方式、非缓冲方式、自动中断结束以及完全嵌套方式。编写 8259A 的初始化程序，并读取 ISR 内容。

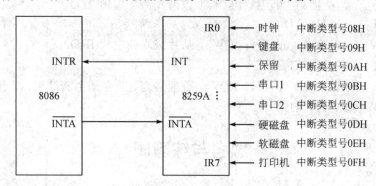

图 5-23 8259A 在计算机系统中的连接图

```
;初始化程序
MOV    AL,  0001 1011B    ;ICW1，电平触发，需要 ICW4
OUT    20H，AL
MOV    AL,  0000 1000B    ;ICW2，类型号高 5 位为 00001
OUT    21H，AL
MOV    AL,  0000 0011B    ;ICW4，一般全嵌套，自动中断结束，非缓冲
OUT    21H，AL
……
;读取 IRR
MOV    AL,  0BH           ;写入 OCW3，查询 ISR
OUT    20H，AL
```

```
        CALL    DELAY
        IN      AL, 20H              ; 读取 ISR 的内容
```

【例 5 - 4】 在 8259A 级联系统中，主片端口地址为 20H 和 21H，中断类型码为 08H~0FH；从片端口地址为 A0H 和 A1H，中断类型码为 70H~77H，连接到主片的 IRQ2。主片和从片都是电平方式触发，普通全嵌套，非自动中断结束。

```
        ; 主片初始化
        MOV     AL, 0001 1001B; ICW1, 电平触发, 级联方式
        OUT     20H, AL
        MOV     AL, 0000 1000H; ICW2, 类型号高 5 位为 00001
        OUT     21H, AL
        MOV     AL, 0000 0100H; ICW3, 从片级联到主片 IRQ2
        OUT     21H, AL
        MOV     AL, 0000 0011H; ICW4, 普通嵌套, 非自动中断结束, 非缓冲
        OUT     21H, AL
        ; 从片初始化
        MOV     AL, 0001 1001B; ICW1, 电平触发, 级联方式
        OUT     0A0H, AL
        MOV     AL, 0111 0000H; ICW2, 类型号高 5 位为 01110
        OUT     0A1H, AL
        MOV     AL, 0000 0010H; ICW3, 从片级联到主片 IRQ2
        OUT     0A1H, AL
        MOV     AL, 0000 0011H; ICW4, 普通嵌套, 非自动中断结束, 非缓冲
        OUT     0A1H, AL
```

思考与练习题

1. I/O 接口有几种编址方式？各有什么特点？

2. 简述 4 种基本输入/输出方法。

3. 简述 8088/8086 中断处理的过程。

4. 举例说明中断向量表的作用。

5. 利用 74LS244 和 74LS273 作为输入和输出接口，输入接口的地址为 0C40H，输出接口的地址为 05ECH。如果输入接口的 b0、b3 和 b5 位都为 1，将 BUF 的 100 个单元的数据从输出口输出，否则等待。编写程序实现上述功能。

6. 在系统中，接口地址为 03E0H 的 74LS244 连接 8 个开关 S0～S7，端口地址为 03E3H 的 74LS273 连接 8 个发光二极管，画出连接图，采用 74LS138 设计译码电路，编写程序实现下述功能。

(1) 如果开关 S7～S0 全部闭合，则 8 个发光二极管都点亮；

(2) 如果开关高 4 位(S4～S7)闭合，则使 74LS273 连接的高 4 位的发光二极管点亮；

(3) 如果开关低 4 位(S3～S0)闭合，则使 74LS273 连接的低 4 位的发光二极管点亮；

（4）其他情况，不响应。

7. 8259A 的地址为 3F00H～3F01H，边沿触发，非缓冲方式，特殊全嵌套工作方式，中断向量 60H，请编写初始化程序。

8. 已知 SP＝1000H，SS＝2000H，CS＝8000H，IP＝0100H，[00020H]＝5FH，[00021H]＝0AH，[00022H]＝37H，[00023H]＝5CH，在地址为 80100H 开始的连续 2 个字节中存放着两字节指令 INT8。分析执行这条指令进入中断服务程序时，SS、SP、CS、IP 寄存器的内容，以及 SP 指向的字单元的内容。

第 6 章　可编程接口设计

在微处理器系统的接口设计中，定时、计数以及通信都是较为常见的应用。本章以可编程定时芯片 Intel 8253(后面简称 8253)和并行接口芯片 Intel 8255(后面简称 8255)为例，介绍定时计数和并行通信中常见的概念，并且通过举例说明定时技术和并行通信接口的设计方法。

6.1　可编程定时/计数器 8253

在微处理器系统中常用到定时或计数信号，可以通过软件定时或硬件定时的方式获得定时计数信号。

软件定时指设计延时程序，子程序中指令执行的时间就是延时时间，这种方法设计简单，容易实现，但是定时不精确，而且在执行延时程序的时候一直占用 8088/8086，降低了 8088/8086 的利用率。

硬件定时指利用硬件定时/计数芯片，根据设定的工作方式、启动方式和计数值，产生精确的定时。虽然硬件定时比软件定时多使用了芯片，但是成本较低，而且在计数期间，8088/8086 可以执行其他操作，大大提高了工作效率。因此，硬件定时应用广泛。

8253 是可编程定时芯片，具有 3 个独立的 16 位减法计数器，通过软件编程可以控制和改变计数方式和计数值，适合不同的定时和计数应用。

6.1.1　8253 的引脚及结构

1. 8253 的外部引脚

8253 采用 24 引脚的双列直插式封装，最高计数频率为 2 MHz，+5 V 供电，引脚如图 6-1 所示。

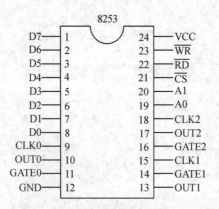

图 6-1　8253 的引脚

(1) D0～D7：8 位双向数据总线。

(2) $\overline{CS}$：片选信号输入引脚，低电平有效，通过该信号选中 8253。

(3) $\overline{WR}$：写信号输入引脚，向 8253 写入控制字或计数初值时，该信号为低电平。

(4) $\overline{RD}$：读信号输入引脚，从 8253 中的计数器读取计数值时，该信号为低电平。

(5) A0 和 A1：端口选择信号输入引脚，产生 4 个地址，当 $\overline{CS}$ 为低电平时，分别访问 3 个计数器和控制寄存器，如表 6 - 1 所示。

表 6 - 1　8253 的 A0 和 A1 访问地址

A1	A0	访 问 地 址
0	0	选择计数器 0
0	1	选择计数器 1
1	0	选择计数器 2
1	1	选择控制寄存器

(6) CLK0～CLK2：计数器时钟输入引脚。计数器对此时钟信号进行计数，每经历一个时钟脉冲，计数值就减 1。当输入时钟是均匀连续、周期精确的信号时，8253 作为定时器使用；当输入时钟是外部事件产生的不均匀、断续的脉冲时，8253 作为计数器使用。

(7) GATE0～GATE2：门控信号输入引脚。该信号的作用是控制计数器的启动和停止。

(8) OUT0～OUT2：计数器输出引脚。根据计数器设置的工作方式，产生不同的输出波形。

2. 8253 的内部结构

8253 的内部结构如图 6 - 2 所示，包括 3 个独立的 16 位计数器、数据总线缓冲器、控

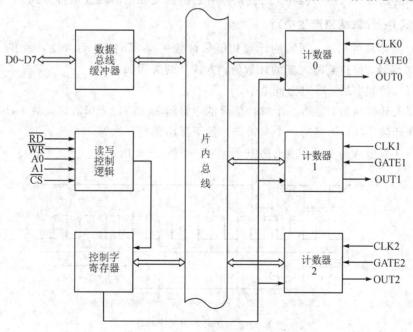

图 6 - 2　8253 的内部结构

制字寄存器和读写控制逻辑。

1) 计数器

8253 的 3 个计数器相互独立，可以按照各自的工作方式计数。每个计数器都具有相同的内部结构，包括一个 16 位的计数初值寄存器、一个减 1 计数寄存器和一个计数值输出锁存器。当设置计数初值后，减 1 计数寄存器开始对输入脉冲执行减 1 计数，计数值输出锁存器跟随减 1 计数寄存器变化，当出现锁存命令时，锁定当前计数值，等读取之后，又随着减 1 计数寄存器的变化而变化。当计数初值减到零时，从 OUT 端口输出相应的信号。

2) 数据总线缓冲器

数据总线缓冲器是 8 位双向三态缓冲器，用于传送 8088/8086 向 8253 写入的控制字、设置的计数器初值以及从计数器中读取的计数值。

3) 控制字寄存器

通过编程写入控制字可以改变 8253 的工作方式，其内部 8 位的控制字寄存器用于存放控制字，每个计数器都有一个控制字寄存器，各占用一个地址，能够写入，不能读取。

4) 读写控制逻辑

读写控制逻辑电路接收并组合 8253 的 $\overline{CS}$、$\overline{WR}$、$\overline{RD}$、A0 和 A1 等信号，产生对内部模块的控制信号。

6.1.2 8253 的工作方式

8253 有 6 种工作方式，需要通过写入控制字来设置，还需要写入计数初值来设置定时时间。当向 8253 写入控制字时，控制逻辑电路复位，输出端 OUT 进入初始态。当写入计数初值后，需要经过一个时钟周期，计数器才开始运行。此后，每个时钟的上升沿采样门控信号，下降沿执行一次减 1 操作。门控信号有边沿触发和电平触发两种方式。

1. 方式 0：计数结束产生中断

方式 0 采用软件启动，写入的计数初值只计数一遍，不能自动重复，输出信号可以作为中断请求信号，保持到写入新的计数值。方式 0 的流程如下：

(1) 写入控制字后，输出为低电平。

(2) 写入计数初值，经历一个时钟信号的上升沿和下降沿，初值装入减 1 计数寄存器。

(3) 在计数期间，每经历一个时钟信号的下降沿执行一次减 1 操作。

(4) 当计数值减到 0 时，输出高电平，时序如图 6-3 所示。

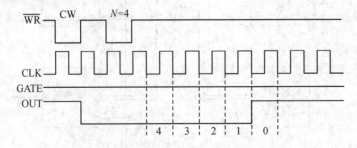

图 6-3 方式 0 的工作时序

　　在计数期间，需要保持 GATE 信号为高电平，如果 GATE 信号变为低电平，则暂停计数，减 1 计数寄存器值不变，直到 GATE 信号变为高电平后再继续计数。

　　在计数期间，如果写入新的计数初值，不管当前计数情况如何，在写入新的初值后的下一个时钟脉冲的下降沿装入新的初值开始计数。如果是新的 16 位的计数初值，需要分两次写入，写入第一个字节后停止计数，写入第二个字节开始用新初值计数。

2. 方式 1：可重复触发单稳态方式

　　方式 1 采用硬件启动，虽然写入的计数初值只计数一遍，不能自动重复，但是 GATE 信号上升沿可以重新触发计数。输出一个负脉冲信号，脉冲宽度等于计数初值乘以时钟周期。方式 1 的流程如下：

　　(1) 写入控制字后，输出为高电平。

　　(2) 写入计数初值，等待 GATE 信号出现上升沿后，在其下一个时钟脉冲的下降沿，初值才装入减 1 计数寄存器。

　　(3) 在计数期间，每经历一个时钟信号的下降沿执行一次减 1 操作，GATE 信号变低不影响计数。

　　(4) 当计数值减到 0 时，输出高电平，输出电平的高低变化波形如图 6-4 所示。

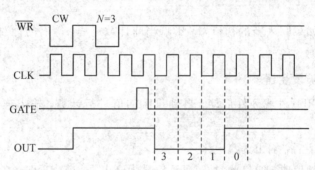

图 6-4　方式 1 的工作时序

　　在计数期间，如果出现一个 GATE 上升沿信号，则紧接着在时钟脉冲的下降沿重新将初值装入减 1 计数寄存器，在这个变化过程中，输出端一直保持为低电平，脉宽等于两次计数的脉宽之和。

　　在计数期间，如果写入新的初值，不影响当前计数过程，要等待 GATE 信号触发，计数器才装入新的初值进行计数，输出新初值的负脉冲。

3. 方式 2：频率发生器

　　方式 2 可以采用软件或硬件启动，自动重载初值进行计数，输出连续的脉宽为时钟周期的负脉冲。方式 2 的流程如下：

　　(1) 写入控制字后，输出为高电平。

　　(2) 写入计数初值时，如果此时 GATE 信号为高电平，在下一个时钟脉冲的下降沿，初值装入减 1 计数寄存器；否则，等待 GATE 信号出现上升沿后，在下一个时钟脉冲的下降沿，才将初值装入减 1 计数寄存器。

　　(3) 在计数期间，GATE 信号一直为高电平，每经历一个时钟信号的下降沿执行一次减 1 操作。

（4）当计数值减到 1 时，输出低电平，维持一个时钟周期后，输出高电平，从而形成一个脉宽为时钟周期的负脉冲。然后，计数器自动重装初值，开始新一轮计数，其时序如图 6-5 所示。

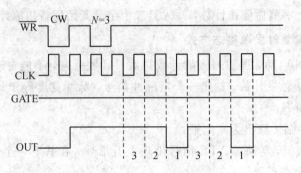

图 6-5　方式 2 的工作时序

在计数期间，如果 GATE 信号变为低电平，则计数停止并输出高电平，此后，等待 GATE 信号出现上升沿后，在其下一个时钟脉冲的下降沿，将初值重新装入减 1 计数寄存器开始计数。

在计数期间，如果写入新的初值，不影响当前计数过程，等旧的计数过程完成后，才载入新的初值进行计数。

4. 方式 3：方波发生器

方式 3 可以采用软件或硬件启动，自动重载初值进行计数，输出连续的方波信号。方式 3 的流程如下：

（1）写入控制字后，输出为高电平。

（2）写入计数初值时，如果此时 GATE 信号为高电平，在其下一个时钟脉冲的下降沿，初值装入减 1 计数寄存器；否则，等待 GATE 信号出现上升沿后，在其下一个时钟脉冲的下降沿，才将初值装入减 1 计数寄存器。

（3）在计数期间，GATE 信号一直为高电平，每经历一个时钟信号的下降沿执行一次减 1 操作。

（4）如果初值为 N，当计数到 $N/2$（对于偶数）或 $(N+1)/2$（对于奇数）时，输出低电平。计数完成后，输出高电平，计数器自动重装初值，开始新一轮计数，其时序如图 6-6(a)和(b)所示。

在计数期间，如果写入新的初值，在当前周期结束时装载新的初值进行计数。如果写入初值后 GATE 信号又出现上升沿，则当前计数结束，在下一个时钟脉冲的下降沿，将新的初值装入减 1 计数寄存器开始计数。

在计数期间，如果 GATE 信号变为低电平，输出信号的变化与方式 2 类似。

5. 方式 4：软件触发选通

方式 4 采用软件启动，写入的计数初值只计数一遍，不能自动重复，输出一个负脉冲信号，脉冲宽度等于时钟周期。方式 4 的流程如下：

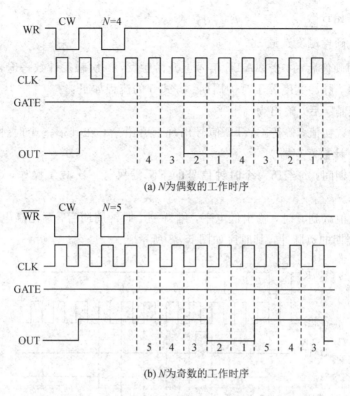

(a) N 为偶数的工作时序

(b) N 为奇数的工作时序

图 6-6　方式 3 的工作时序

（1）写入控制字后，输出为高电平。

（2）写入计数初值，经历一个时钟脉冲的下降沿，初值装入减 1 计数寄存器。

（3）在计数期间，每经历一个时钟信号的下降沿执行一次减 1 操作，GATE 信号变低不影响计数。

（4）当计数值减到 0 时，输出低电平，维持一个时钟周期后，输出高电平，从而形成一个脉冲宽度为时钟周期的负脉冲，其时序如图 6-7 所示。

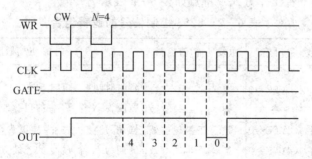

图 6-7　方式 4 的工作时序

在计数期间，如果 GATE 信号变为低电平，则计数停止并输出高电平，此后，等待 GATE 信号出现上升沿后，在其下一个时钟脉冲的下降沿，将初值重新装入减 1 计数寄存器重新开始计数。

在计数期间，如果写入新的计数初值，在写入新的初值后的下一个时钟脉冲的下降沿装入新的初值开始计数。

6. 方式 5：硬件触发选通

方式 5 采用硬件启动，受 GATE 信号上升沿触发，一次触发计数一遍，不能自动重复，输出负脉冲信号，脉冲宽度等于时钟周期。方式 5 的流程如下：

(1) 写入控制字后，输出为高电平。

(2) 写入计数初值，等待 GATE 信号出现上升沿后，在其下一个时钟脉冲的下降沿，初值才装入减 1 计数寄存器。

(3) 在计数期间，每经历一个时钟信号的下降沿执行一次减 1 操作，GATE 信号变低不影响计数。

(4) 当计数值减到 0 时，输出低电平，维持一个时钟周期后，输出高电平，从而形成一个脉宽为时钟周期的负脉冲，其时序如图 6-8 所示。

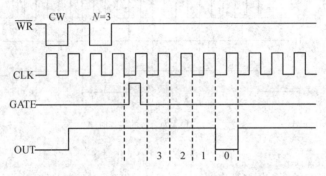

图 6-8　方式 5 的工作时序

在计数期间，如果出现一个 GATE 上升沿信号，则在下一个时钟脉冲的下降沿重新将初值装入减 1 计数寄存器，按新的初值计数。

在计数期间，如果写入新的初值，不影响当前计数过程。等下一次 GATE 信号触发，计数器才装入新的初值进行计数。

8253 计数器的 6 种工作方式及特点如表 6-2 表示。

表 6-2　8253 控制信号的逻辑组合

工作方式	启动计数	门控	重复	初值更新	输　出　波　形
0	软件	GATE=0	否	立即有效	延时时间可变的上升沿
1	硬件	—	否	下一轮有效	宽度为 N 个 T_{CLK} 的负脉冲
2	软/硬件	GATE=0	是	下一轮有效	周期为 N 个 T_{CLK}，宽度为 T_{CLK} 的连续负脉冲
3	软/硬件	GATE=0	是	下半轮有效	周期为 N 个 T_{CLK} 的连续方波
4	软件	GATE=0	否	立即有效	宽度为 T_{CLK} 的负脉冲
5	硬件	—	否	下一轮有效	宽度为 T_{CLK} 的负脉冲

6.1.3　8253 的控制字

8253 必须对每个计数器进行初始化，设置控制寄存器，确定每个通道的工作方式，才能使 8253 正常工作。8253 的控制字的格式如图 6-9 所示。

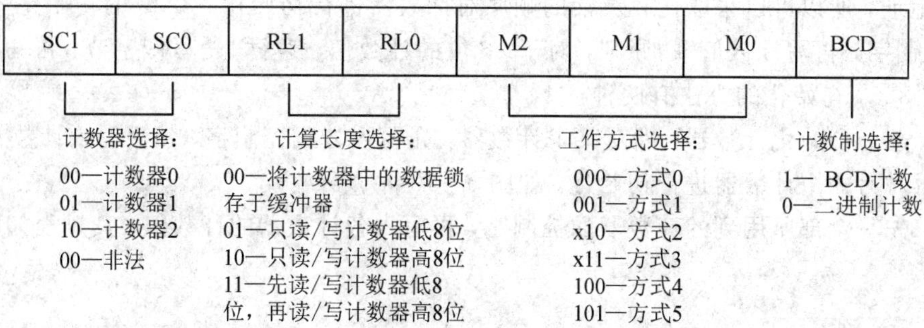

SC1	SC0	RL1	RL0	M2	M1	M0	BCD

计数器选择：
00—计数器0
01—计数器1
10—计数器2
00—非法

计算长度选择：
00—将计数器中的数据锁存于缓冲器
01—只读/写计数器低8位
10—只读/写计数器高8位
11—先读/写计数器低8位，再读/写计数器高8位

工作方式选择：
000—方式0
001—方式1
x10—方式2
x11—方式3
100—方式4
101—方式5

计数制选择：
1— BCD计数
0—二进制计数

图 6-9　8253 控制字格式

8253 除了写入控制字之外，还需要写入计数初值。8253 的计数值可以是二进制数或十进制数，由控制字的 D0 位来确定，计数值的长度由 RL1 和 RL0 确定，最长为 16 位。因此，对于二进制，计数范围为 0000H～FFFFH；对于十进制，计数范围为 0000～9999。计数器采用减 1 操作，最大初始值是 0，对于二进制，最大计数值为 65 536；对于十进制，最大计数值为 10 000。

写入计数初值时，如果 RL1 和 RL0 为 01 或 10，则只写入 1 个字节的计数初值；如果 RL1 和 RL0 为 11 时，则写入 2 个字节的计数初值，按次序先写低字节，再写高字节，而且必须连续写入。

读取计数器的计数值时，写入 RL1 和 RL0 为 00 的控制字，8253 立即将所选计数器的当前计数值锁存在锁存器中，通过两条读取操作，就可以将 16 位的计数值读取出来，这种方法不影响计数器的计数过程，计数值读取之后，锁存器又跟随减 1 寄存器变化。也可以利用 GATE 信号暂停计数器计数，通过控制字设定读取几个字节来获取计数值。

6.1.4　8253 应用举例

8253 的控制寄存器和 3 个计数器具有独立的访问地址，共占用 4 个端口地址。端口的高位地址通过译码电路选通片选信号 $\overline{CS}$、A0、A1 与系统总线相连，用于寻址 4 个端口地址。信号 $\overline{CS}$、A0、A1 与读写信号配合完成表 6-3 所示的各种读写操作。

表 6-3　8253 控制信号的逻辑组合

$\overline{CS}$	A1	A0	$\overline{RD}$	$\overline{WR}$	作　用
1	×	×	×	×	无效
0	0	0	0	1	读计数器 0
0	0	1	0	1	读计数器 1
0	1	0	0	1	读计数器 2
0	0	0	1	0	写计数器 0
0	0	1	1	0	写计数器 1
0	1	0	1	0	写计数器 2
0	1	1	1	0	写控制寄存器

8253 的初始化主要包括写入计数器的控制字和计数初值。因为 8253 的每个计数器都有端口地址，所以可以采取比较灵活的顺序对计数器进行初始化。8253 的初始化需要遵循"先写控制字，再写计数值"的原则，对于 16 位的计数值，遵循"先写低字节，再写高字节"的原则。8253 初始化的方法有两种：

（1）逐个初始化计数器，即对某个计数器，先写入方式控制字，然后写入计数初值，完成后，再对另一个计数器进行初始化，如图 6 - 10(a)所示。

（2）先写全部所用到的计数器的控制字，再写入各计数器的计数值，其过程如图 6 - 10(b)所示。

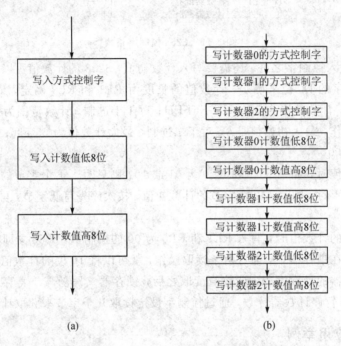

图 6 - 10　8253 初始化流程

【例 6 - 1】　8253 的接口地址为 0040H～0043H，3 个计数器的输入时钟频率都为 2 MHz，要求：(1) 计数器 0 输出 20 kHz 的连续方波；(2) 计数器 1 每 5 ms 输出一个脉宽为时钟周期的负脉冲；(3) 计数器 2 每 0.1 ms 产生一个负脉冲。例 6 - 1 电路连接如图 6 - 11 所示。

```
        ;计数器 0
        MOV    DX, 0043H      ;控制字端口
        MOV    AL, 56H        ;计数器 0 控制字，00010110B
        OUT    DX, AL
        MOV    DX, 0040H      ;计数器 0 端口
        MOV    AL, 100        ;2 MHz/20 kHz＝100
        OUT    DX, AL
        ;计数器 1
        MOV    DX, 0043H      ;控制字端口
        MOV    AL, 74H        ;计数器 1 控制字，01110100B
```

```
OUT    DX, AL
MOV    DX, 0041H    ；计数器 1 端口
MOV    AX, 10000    ；5 ms/0.5 μs＝10 000
OUT    DX, AL
MOV    AL, AH
OUT    DX, AL
；计数器 2
MOV    DX, 0043H    ；控制字端口
MOV    AL, A4H      ；计数器 2 控制字，10100100B
OUT    DX, AL
MOV    DX, 0042H    ；计数器 1 端口
MOV    AL, 200      ；0.1 ms/0.5 μs＝200
OUT    DX, AL
```

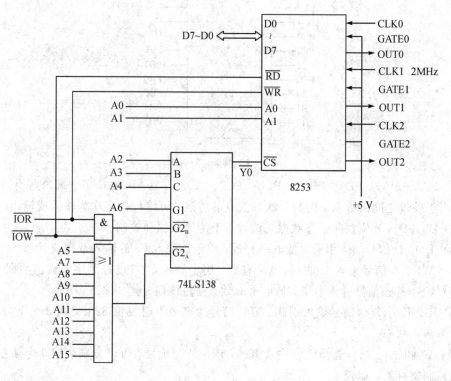

图 6-11 例 6-1 电路连接图

6.2 可编程并行接口 8255

并行接口是用于实现并行通信的接口。8255 是可编程并行接口芯片，可以通过编程来设置芯片的工作方式，广泛用于计算机等系统中。

6.2.1　8255 的引脚及结构

1. 8255 的外部引脚

除了电源和地，8255 的外部引脚如图 6 - 12 所示。

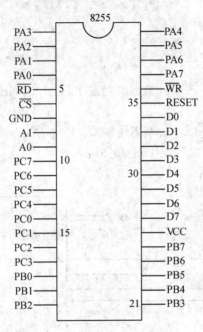

图 6 - 12　8255 的引脚

（1）PA0～PA7、PB0～PB7 和 PC0～PC7：8255 的 A、B 和 C 3 个端口各有 8 条 I/O 引脚，用于外设之间的数据、控制和状态信息的传送，可编程指定作为输入或输出。

（2）D0～D7：8 位双向三态数据总线，用于传送数据和控制字。

（3）$\overline{RD}$：读信号输入引脚，低电平有效，用于读取 8255 的输入数据或状态。

（4）$\overline{WR}$：写信号输入引脚，低电平有效，用于写入 8255 的控制字或输出数据。

（5）$\overline{CS}$：片选信号输入引脚，低电平有效，通过该信号选中 8255。

（6）RESET：复位信号输入引脚。复位信号为高电平时复位 8255，其 3 个 I/O 端口都被复位为输入状态。

（7）A0 和 A1：端口选择信号输入引脚，产生 4 个地址，可以分别访问 3 个独立的 I/O 端口及控制寄存器，如表 6 - 4 所示。

表 6 - 4　8255 的 A0 和 A1 访问地址

A1	A0	作　用
0	0	A 口
0	1	B 口
1	0	C 口
1	1	控制寄存器

2. 8255 的内部结构

8255 的内部结构由数据端口、A 组和 B 组控制电路、数据总线缓冲器和读写控制逻辑四部分组成，如图 6 - 13 所示。

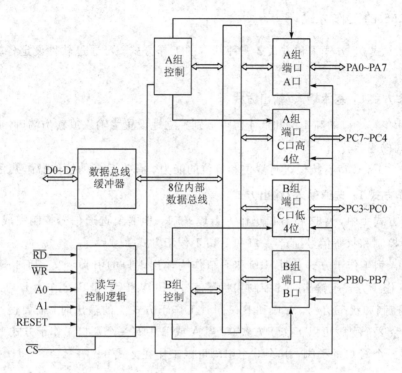

图 6 - 13　8255 的内部结构

（1）数据端口 A、B 和 C。

8255 有 A、B、C 3 个 8 位数据端口，可以分别设置为输入口或输出口。因为 A 口和 B 口各自有一个 8 位输入锁存器和一个 8 位输出锁存/缓冲器，所以 A 口和 B 口作为输入或输出时数据都可以锁存。C 口作为输出时能对数据锁存，但作为输入时没有锁存能力。当 3 个口作为输出端口时，可以用输入指令读取锁存器的内容。

通常 A 口和 B 口作为独立的 I/O 端口，C 口可以做独立的 I/O 端口，也可以将 C 口分成两组，各位作为 A 口和 B 口的控制和状态信号。

（2）A 组和 B 组控制电路。

由图 6 - 13 可知，这两组控制电路既接收控制字设定 8255 的工作方式，也接收读写控制逻辑电路的读写命令，并且分别控制 A 组和 B 组的读写操作和工作方式。

（3）读写控制逻辑。

读写控制逻辑电路用于管理 8255 的数据传输，通过接收 8255 的 $\overline{\text{CS}}$、$\overline{\text{WR}}$、$\overline{\text{RD}}$、A0 和 A1 等信号，组合成相应的控制命令，发送到 A 组和 B 组控制电路，完成数据、状态和控制等信息的传输。

（4）数据总线缓冲器。

数据总线缓冲器是一个 8 位双向三态缓冲器，与系统数据总线相连，用于传送 8088/8086 向 8253 写入的控制字、设置的计数器初值以及从计数器读取的计数值。

6.2.2　8255 的工作方式

8255 有方式 0、方式 1 和方式 2 三种基本的工作方式，可通过软件设定各端口的工作方式。

1. 工作方式 0：基本输入/输出方式

A 口、B 口、C 口的高 4 位和低 4 位可分别独立地设置为输入或输出端口，这些端口共有 16 种不同的组合。

在方式 0 下，C 口有按位进行置位和复位的能力。有关 C 口的按位操作见后续内容。

2. 工作方式 1：选通输入/输出方式

在工作方式 1 中，A 口和 B 口仍作为 I/O 端口，但需要选通信号控制完成，C 口中部分的位作为控制和状态信号配合 A 口和 B 口工作于方式 1。

图 6-14 为工作于方式 1 时 A 口和 B 口作为输出端口的引脚定义，PC3、PC6 和 PC7 作为 A 口工作于方式 1 输出时的控制和状态信号，PC0、PC1 和 PC2 作为 B 口工作于方式 1 输出时的控制和状态信号。A 口和 B 口同时工作于方式 1 的输出时，需要使用 6 个 C 口的引脚，其余 2 个引脚可以工作于方式 0；当 A 或 B 中有一个端口工作于方式 1 的输出时，只需要使用 3 个 C 口的引脚，其余 5 个引脚可以工作在方式 0。

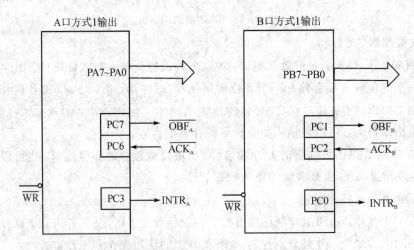

图 6-14　工作方式 1 时输出端口的引脚

图 6-15 为工作于方式 1 时 A 口和 B 口作为输入端口的引脚定义，PC3、PC4 和 PC5 作为 A 口工作于方式 1 输入时的控制和状态信号，PC0、PC1 和 PC2 作为 B 口工作于方式 1 输入时的控制和状态信号。A 口和 B 口同时工作于方式 1 的输入时，需要使用 6 个 C 口的引脚，其余 2 个引脚可以工作于方式 0；当 A 或 B 中有一个端口工作于方式 1 的输入时，只需要使用 3 个 C 口的引脚，其余 5 个引脚可以工作在方式 0。

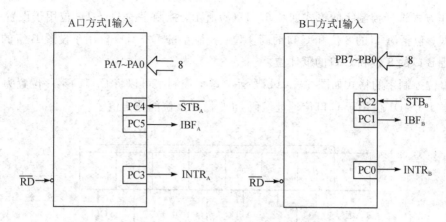

图 6-15　工作方式 1 时输入端口的引脚

　　A 口和 B 口可以同时工作于方式 1 的输入或输出端口，也可以分别工作于方式 1 的输入和输出端口，还可以将其中一个端口设置为工作方式 1，另一个端口设置为工作方式 0。

3. 工作方式 2：双向选通输入输出

　　只有 A 口可以采用工作方式 2，这种方式能够实现发送和接收的双向通信，可以采用查询或中断方式进行数据传输。图 6-16 为工作于方式 2 时的引脚定义，PC3～PC7 作为 A 口工作于方式 2 时的控制和状态信号，需要使用 5 个 C 口的引脚。A 口工作于方式 2 时，B 口可以工作于方式 0 或方式 1，C 口剩下的引脚可工作于方式 0，或作为 B 口工作于方式 1 时的控制或状态信号。

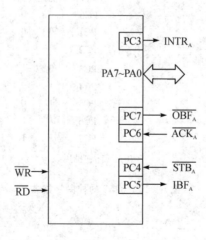

图 6-16　工作方式 2 时的引脚

6.2.3　8255 的控制字

　　8255 的控制字有两个：工作方式选择控制字和 C 口位控制字。两个控制字共用同一个地址，称为控制字寄存器地址。通过控制字的 D7 位区分这两个控制字，D7 为 1 时，是工作方式选择控制字，D7 为 0 时，是 C 口位控制字。

　　工作方式选择控制字的格式如图 6-17(a)所示，控制字的 D6～D3 位用于设置 A 组的工作方式，包括 A 口的 8 位和 C 口的高 4 位；控制字的 D2～D0 位用于设置 B 组的工作方式，包括 B 口的 8 位和 C 口的低 4 位。

　　C 口位控制字的格式如图 6-17(b)所示，这个控制字可以将 C 口的某一位置为 1 或 0。控制字的 D3～D1 位用于 C 口位地址编码，D0 设置该位的输出值。

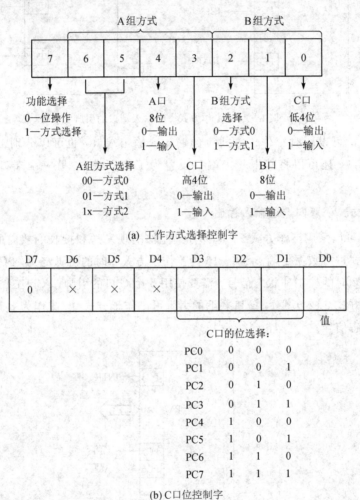

(a) 工作方式选择控制字

(b) C口位控制字

图 6-17　8255 的控制字格式

6.2.4　8255 应用举例

　　8255 的控制字寄存器和 3 个端口具有独立的访问地址，共占用 4 个端口地址。端口的高位地址通过译码电路选通片选信号 $\overline{CS}$、A0、A1 与系统总线相连，用于寻址 4 个端口地址，每一个端口都可以独立进行读写。信号 $\overline{CS}$、A0、A1 与读写信号配合完成表 6-5 所示的各种读写操作。

表 6 - 5　8255 的 A0 和 A1 访问地址

$\overline{CS}$	A0	A1	IOR	IOW	操　作
0	0	0	0	1	读 A 口
0	0	1	0	1	读 B 口
0	1	0	0	1	读 C 口
0	0	0	1	0	写 A 口
0	0	1	1	0	写 B 口
0	1	0	1	0	写 C 口
0	1	1	1	0	写控制寄存器
1	×	×	1	1	D0～D7 三态

8255 的软件设计包括初始化和数据传输控制。初始化主要用于设置各端口的工作方式及输入输出关系,初始化完成后 8255 才能正常工作。数据传输控制需要 8255 通过端口获取外设的状态,并向外设输出控制信号。

【例 6 - 2】　8255 设计打印机接口,8088/8086 利用查询方式检测与打印机 BUSY 信号相连的 PC0 引脚,如果为"1"表示打印机正在打印字符,如果为"0"表示打印机处于空闲状态,可以接收并打印字符。8088/8086 可以在打印机空闲的时候,将打印缓冲 BUF 中的数据通过工作于方式 0 的 A 口传送给打印机,但需要 PC7 输出一个负脉冲选通信号给打印机的 $\overline{STB}$ 引脚,使打印机将 A 口上的字符锁存到打印机缓冲。8255 的端口地址为 03F0H～03F3H,打印缓冲的长度保存于 LEN 中。

8255 与打印机的连接如图 6 - 18 所示,初始化和打印字符传送代码如下。

```
        ; 初始化
        MOV   DX, 03F3H      ; 控制字寄存器地址
        MOV   AL, 10000001B  ; A 口方式 0,C 口方式 0
                             ; C 口高 4 位输出,C 口低 4 位输入
        OUT   DX, AL
        MOV   AL, 00001111B  ; 使 PC7 初始状态为 1
        OUT   DX, AL
        ; 打印字符输出
        MOV   CX, LEN
        LEA   SI, BUF
NEXT:   MOV   DX, 03F2H      ; C 口的地址
        IN    AL, DX         ; 检测 BUSY 信号状态
        AND   AL, 01H
        JNZ   NEXT           ; 若 BUSY 处于忙,继续检测
        MOV   AL, [SI]       ; 取一个字符
        MOV   DX, 03F0H
        OUT   DX, AL         ; 从 A 口输出一个字符
        MOV   DX, 03F2H      ; 在 PC7 产生一个低电平
```

```
MOV    AL, 0
OUT    DX, AL
MOV    AL, 80H
OUT    DX, AL          ；PC7 变高，生成一个负脉冲
INC    SI              ；下一个字符地址
LOOP   NEXT
HLT
```

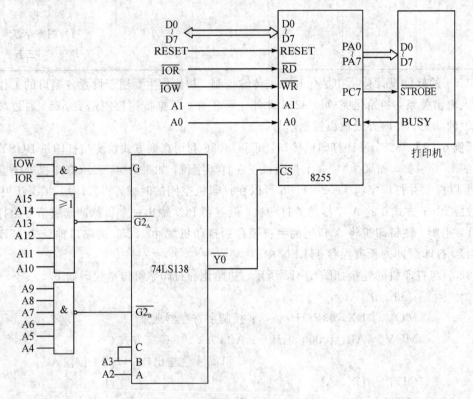

图 6 - 18　例 6 - 2 的连接图

思考与练习题

1. 利用 8253 的计数器 0、1、2 分别产生周期为 100 μs 的方波、每 10 ms 和 2 s 输出一个负脉冲，8253 的接口地址为 10C0H～10C3H，3 个计数器的时钟信号频率都为 2 MHz，画出电路连接图，编写初始化程序。

2. 微处理器系统将 8253 的计数器 0 作为频率发生器，产生 1000 Hz 的连续负脉冲，利用计数器 1 产生 2000 Hz 的连续方波，计数器的输入时钟为 1.19 MHz。请计算计数器 0 和 1 的初值。

3. 将 8255 的 A 组、B 组都设置为工作方式 0，A 口是输出口，C 口高 4 位是控制信号输入口。8255 的接口地址为 03E0H～03E3H，请画出电路连接图，编写初始化程序。

4. 8088/8086 系统的 I/O 接口电路如图 6 - 19 所示，完成以下设计：

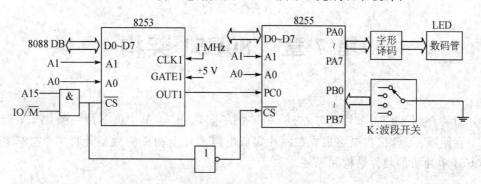

图 6 - 19　习题 4 的连接图

（1）写出 8255 和 8253 的端口地址范围。

（2）8253 的 OUT1 端输出 500 Hz 方波，8255 的 A 口为输出，其余两个端口为输入，编写 8255 和 8253 的初始化程序。

（3）检测 PC7 的状态，如果 PC7＝1，则等待；如果 PC7＝0，则从 B 口读取开关 K 的状态，从 A 口输出 K 状态对应的二进制编码给 LED 显示，请编写 8255 的控制程序。

5. 采用 8255 设计监控，端口地址为 10A0H～10A3H，启动操作受 PB0 控制低电平有效，监控点的状态由 A 口输入，任何一个监控点出现高电平，表明出现异常情况，通过与 PC0 相连的信号灯报警（高电平点亮），闪灭 5 次。

第 7 章　80C51 架构

本章将介绍 80C51 单片机与 8088/8086 的不同，80C51 单片机不是一种 CPU，而是将 CPU、存储器、I/O 接口电路集成在一片集成电路芯片上构成的微型计算机。本章主要介绍 80C51 单片机的硬件结构和原理。

7.1　单片机概述

微型计算机有 3 种应用形态：多板机(系统机)、单板机和单片机。

多板机是同一块主板上组装了 CPU、存储器、I/O 接口电路等，通过系统总线和其他多块外设适配板卡连接显示器、键盘、硬盘、光驱及打印机等设备，再配上操作系统及应用软件，从而构成的多板微型计算机。典型的多板机，如个人计算机(PC)。

单板机是同一块电路板上装配了 CPU、存储器、I/O 接口芯片和简单的 I/O 设备(如按键、LED 和 LCD 等)，再配上监控程序，从而构成的单板微型计算机。

单片机是在一片集成电路芯片上集成了 CPU、存储器、I/O 接口电路，从而构成的单片微型计算机(Single-Chip Micro-Computer，SCMC)。

单片机应用于各种智能化产品中，所以常被称为嵌入式微控制器(Embedded Microcontroller)。

MCS-51 是 Intel 公司推出的单片机系列，因其结构典型、总线完善、特殊功能寄存器(Special Function Register，SFR)集中管理、位操作灵活和面向控制的指令系统，为单片机的发展奠定了坚实的基础。

MCS-51 系列单片机分为基本型和增强型两大类，可通过芯片型号的最后一位来区分，"1"为基本型，"2"为增强型。基本型有 8051/8751/8031、80C51/87C51/80C31；增强型有 8052/8752/8032、80C52/87C52/80C32。应用中常选用增强型芯片。(注：产品型号中带有字母"C"的为采用 CHMOS 工艺的芯片，不带"C"的为采用 HMOS 工艺的芯片。)

80C51 是 MCS-51 系列单片机中采用 CHMOS 工艺的典型产品。目前，各厂商以 8051 为基核所开发出的 CHMOS 工艺的单片机产品被统称为 80C51 单片机。

7.2　80C51 的基本结构及信号引脚

本小节介绍 80C51 的基本结构、芯片封装和引脚。

7.2.1　80C51 的基本结构

80C51 的基本结构如图 7-1 所示。

由图可见，80C51 主要由下列部分组成：

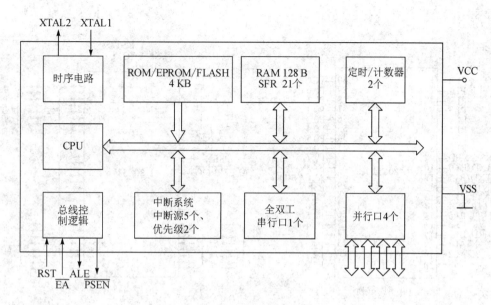

图 7-1　80C51 的基本结构

1. 微处理器(CPU)

微处理器由以下部分组成:

(1) 8 位 CPU,含位处理器(也称为布尔处理器);

(2) 时序电路;

(3) 总线控制逻辑。

2. 存储器系统

存储器系统包括:

(1) 内部程序存储器 ROM(4 K×8 b);

(2) 内部数据存储器 RAM(128×8 b);

(3) SFR。

3. I/O 口和其他功能单元

I/O 口和其他功能单元主要包括:

(1) 4 个 8 位并行 I/O 口(P0、P1、P2、P3);

(2) 2 个 16 位定时/计数器;

(3) 1 个全双工串行口;

(4) 中断系统(5 个中断源,即外中断 2 个,定时/计数中断 2 个,串行中断 1 个;2 个优先级,即高级和低级)。

7.2.2　80C51 的封装与引脚

1. 芯片封装和引脚

80C51 采用 40 引脚双列直插式(Dual In line Package,DIP)、44 引脚方形扁平式(Quad Flat Pack,QFP)封装。其中双列直插式封装芯片的引脚排列和芯片逻辑符号如图

7-2 所示。

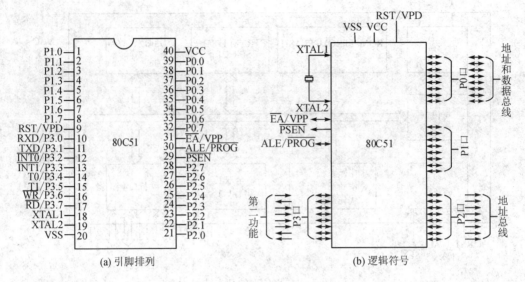

图 7-2　80C51 的引脚排列和芯片逻辑符号

2. 芯片引脚功能

1）输入/输出口线

P0.0～P0.7：P0 口 8 位双向 I/O 口，或数据、低 8 位地址总线复用；

P1.0～P1.7：P1 口 8 位双向 I/O 口；

P2.0～P2.7：P2 口 8 位双向 I/O 口，或高 8 位地址总线；

P3.0～P3.7：P3 口 8 位双向 I/O 口，或第二功能引脚。

2）控制线引脚

（1）RST/VPD。RST/VPD 是复位信号输入/备用电源输入引脚。作为复位信号时，该引脚输入连续 2 个机器周期以上的高电平复位信号时，即可完成复位操作。

（2）ALE/$\overline{\text{PROG}}$。ALE/$\overline{\text{PROG}}$ 是地址锁存允许信号输出/编程脉冲输入引脚。系统扩展时，P0 口输出的低 8 位地址在 ALE 的控制下送入锁存器锁存，以实现低位地址和数据分时传送。此外，ALE 一般是以 1/6 晶振频率周期性输出的正脉冲（除了在读/写片外 RAM 时，ALE 信号会出现非周期现象），所以 ALE 常可作为外部定时脉冲或外部时钟。

（3）$\overline{\text{EA}}$/VPP。$\overline{\text{EA}}$/VPP 是内外存储器选择引脚/片内 EPROM（或 FlashROM）编程电压输入引脚。当 $\overline{\text{EA}}$ 信号为低电平时，对 ROM 的读操作是针对外部程序存储器的；当 $\overline{\text{EA}}$ 信号为高电平时，对 ROM 的读操作是从内部程序存储器开始的，并延续到外部程序存储器。

（4）$\overline{\text{PSEN}}$。$\overline{\text{PSEN}}$ 是外部程序存储器选通信号输出引脚。$\overline{\text{PSEN}}$ 为低电平有效，用于实现对外部 ROM 单元的读操作。

3）电源及时钟引脚

VCC：电源接入引脚；

VSS：接地引脚；

XTAL1：晶振接入的一个引脚（使用外部振荡器时，该引脚接地）；

XTAL2：晶振接入的另一个引脚（使用外部振荡器时，该引脚作为外部振荡信号的输入端）。

7.3　80C51 的 CPU

80C51 包含 CPU、存储器、I/O 口等部件，其中 CPU 包含运算器、控制器和寄存器等。80C51 的内部逻辑结构如图 7-3 所示。

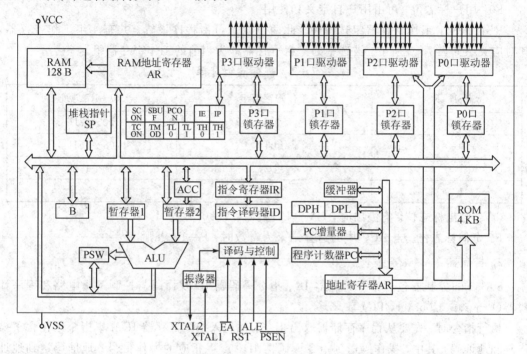

图 7-3　80C51 的内部逻辑结构

80C51 的 CPU 主要由以下部分构成。

1. 运算器

运算器包括 ALU、累加器（Accumulator，ACC）、B 寄存器、程序状态字（Program Status Word，PSW）和两个暂存寄存器。它的功能是实现算术、逻辑运算、位变量处理和数据传送等操作。

ALU 作为运算电路的核心，可以实现加、减、乘、除、比较、增量、减量、十进制调整等算术运算，与、或、异或等逻辑运算，以及左移位、右移位、半字节交换等操作，同时还具有 8088/8086 等微处理器所不具备的位处理功能。运算结果的状态保存在 PSW 中。

ACC 是 8 位寄存器，用于存放操作数和运算的中间结果。ACC 是数据中转站，80C51 大部分指令的数据传送都要通过 ACC 进行。在变址寻址方式中，ACC 作为变址寄存器。

B 寄存器是 8 位寄存器，在乘、除运算时，作为一个操作数。乘法运算时，B 为乘数，且运算结果的高 8 位也存于 B 中；除法运算时，B 为除数，且运算结果的余数存于 B 中。B 也可用作普通的数据寄存器。

PSW 是一个 8 位寄存器，用来保存 ALU 运算结果的特征和处理器状态。这些特征和状态可供程序判别和查询，以作为控制程序转移的条件。PSW 各位定义如表 7-1 所示。

表 7-1　PSW 的位定义

位　序	7	6	5	4	3	2	1	0
位标识	CY	AC	F0	RS1	RS0	OV	—	P

CY：进位标志位。最高位有进位、借位时，CY=1，否则 CY=0。

AC：辅助进位标志位。低半字节向前有进位、借位时，AC=1，否则 AC=0。

F0：用户标志位。可由用户自定义和使用。

RS1、RS0：工作寄存器组选择位。此两位状态可由程序设置。共有 4 组工作寄存器，其对应关系如表 7-2 所示。被选中的一组寄存器即为当前的工作寄存器组。

表 7-2　寄存器组选择

RS1　RS0	工作寄存器组	R0～R7 地址
0　　0	组 0	00～07H
0　　1	组 1	08～0FH
1　　0	组 2	10～17H
1　　1	组 3	18～1FH

OV：溢出标志位。有溢出时，OV=1，否则 OV=0。

P：奇偶标志位。当 ACC 中的运算结果为奇数时，P=1，否则，P=0。

2. 控制器

80C51 的控制器包含指令寄存器 IR、指令译码器 ID 及译码与控制逻辑电路和程序计数器（Program Counter，PC）等。

执行指令时，先要从程序存储器取出指令，并送入指令寄存器 IR 中。指令中包含了操作码和地址码，其中，操作码送到指令译码器 ID，产生相应的操作信号；地址码送到地址生成电路，产生操作数的地址。

译码与控制是核心控制部件，用于控制指令读取、指令执行、操作数及运算结果存取等操作，并协调各部件的工作。80C51 内有振荡电路，外接石英晶体及频率微调电容即可产生内部时钟信号。

PC 是一个 16 位的计数器，物理上独立，不在内部 RAM 空间，也就没有地址。PC 的内容是下一条要执行指令的地址。CPU 顺序执行程序时，PC 自动加 1；在执行转移、调用和返回等指令时，PC 的内容不再加 1，而是由指令或中断响应过程自动给 PC 置入新的地址，从而改变程序的执行顺序。80C51 上电或复位时，PC 初始化为 0000H，程序从该地址处开始执行。

3. 寄存器

工作寄存器 R0～R7 又称为通用寄存器，分为 4 组，组号依次为 0、1、2、3，每组的 8 个寄存器均按 R0～R7 编号。当前组由 PSW 的 RS1 和 RS0 的状态确定。

堆栈指针 SP 是 8 位寄存器。它始终指向堆栈的栈顶，遵循"后进先出"的原则，入栈时，SP 先加 1，然后写入数据；出栈时，先读出数据，然后 SP 减 1。与 8088/8086 不同，80C51 的堆栈是向地址增大方向生成。系统复位后，SP 的内容为 07H，为避免堆栈占用寄存器区和位寻址区，程序通常应将 SP 初始化到 30H 之后。

数据指针 DPTR 是 16 位寄存器，可分为两个 8 位寄存器 DPH 和 DPL 来使用。DPTR 在访问外部数据存储器时作为地址指针。另外，在变址寻址方式中，DPTR 作为基址寄存器，用于访问程序存储器。

7.4　80C51 的存储器

80C51 的存储器由数据存储器(RAM)和程序存储器(ROM)构成。

7.4.1　80C51 的数据存储器(RAM)

80C51 的数据存储器分为片内 RAM、SFR 区和片外 RAM，如图 7-4 所示。

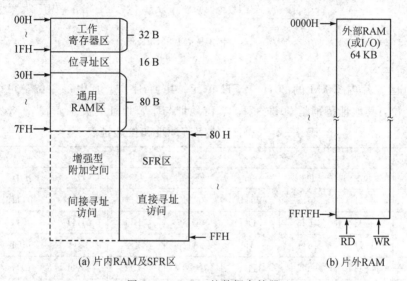

图 7-4　80C51 的数据存储器

1. 片内 RAM 和 SFR 区

80C51 片内数据存储器共有 256 个单元，其中低 128 字节称为片内 RAM，高 128 字节称为 SFR 区。

片内 RAM 地址范围为 00H～7FH，包括工作寄存器区、位寻址区、通用 RAM 区三部分，如图 7-5 所示。

1) 工作寄存器区

80C51 片内 RAM 低端的 00H～1FH 共 32 字节，分成 4 个工作寄存器组，每组占 8 个字节。

组 0：地址 00H～07H；

组 1：地址 08H～0FH；

组 2：地址 10H～17H；

组 3：地址 18H～1FH。

每组的 8 个寄存器都称为 R0、R1、…、R7。程序运行时，只有一个工作寄存器组被设为当前组，可由 PSW 的 RS1、RS0 两位来设置。

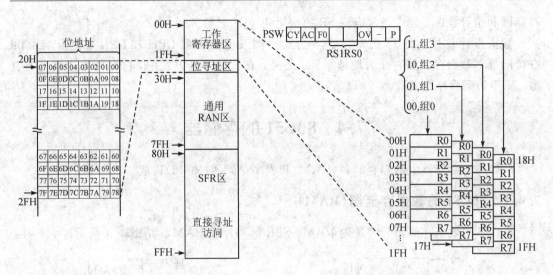

图 7-5 片内 RAM 和 SFR 区

2）位寻址区

位寻址区在片内 RAM 的 20H～2FH 单元，共 16 字节，其中每一位都可以进行位操作，共 128 位，其地址范围是 00H～7FH。位地址与字节地址的关系如表 7-3 所示。

表 7-3 80C51 的字节地址和位地址表

字节地址	位 地 址							
	D7	D6	D5	D4	D3	D2	D1	D0
20H	07H	06H	05H	04H	03H	02H	01H	00H
21H	0FH	0EH	0DH	0CH	0BH	0AH	09H	08H
22H	17H	16H	15H	14H	13H	12H	11H	10H
23H	1FH	1EH	1DH	1CH	1BH	1AH	19H	18H
24H	27H	26H	25H	24H	23H	22H	21H	20H
25H	2FH	2EH	2DH	2CH	2BH	2AH	29H	28H
26H	37H	36H	35H	34H	33H	32H	31H	30H
27H	3FH	3EH	3DH	3CH	3BH	3AH	39H	38H
28H	47H	46H	45H	44H	43H	42H	41H	40H
29H	4FH	4EH	4DH	4CH	4BH	4AH	49H	48H
2AH	57H	56H	55H	54H	53H	52H	51H	50H
2BH	5FH	5EH	5DH	5CH	5BH	5AH	59H	58H
2CH	67H	66H	65H	64H	63H	62H	61H	60H
2DH	6FH	6EH	6DH	6CH	6BH	6AH	69H	68H
2EH	77H	76H	75H	74H	73H	72H	71H	70H
2FH	7FH	7EH	7DH	7CH	7BH	7AH	79H	78H

3）通用 RAM 区

片内 RAM 的 30H～7FH 共 80 字节为通用 RAM 区。这些单元可以作为通用的内存使用。在实际应用中，常在该区域设置堆栈，SP 指示栈顶，而复位时 SP 的初值为 07H，可将其值初始化为该区域的地址。

4）SFR 区

80C51 片内数据存储器的高 128 字节为 SFR 区，包含 21 个特殊功能寄存器，它们与片内 RAM 统一编址，并离散地分布在片内数据存储器 80H～FFH 的地址空间中。这些寄存器有的只能按字节寻址，有的既能按字节寻址，其中的位也可作位寻址。凡是字节地址能被 8 整除的（即十六进制的地址码尾数为 0 或 8 的）寄存器是具有位地址的寄存器。在 SFR 地址空间中，位地址范围为 80H～F7H，有效的位地址共有 83 个，如表 7-4 所示。可通过直接寻址方式访问 SFR。

表 7-4　80C51 SFR 地址及字节地址表

SFR	位地址/位符号（有效位 83 个）								字节地址
P0	87H	86H	85H	84H	83H	82H	81H	80H	**80H**
	P0.7	P0.6	P0.5	P0.4	P0.3	P0.2	P0.1	P0.0	
SP									81H
DPL									82H
DPH									83H
PCON	按字节访问，但相应位有特定含义（见第 12 章）								87H
TCON	8FH	8EH	8DH	8CH	8BH	8AH	89H	88H	**88H**
	TF1	TR1	TF0	TR0	IE1	IT1	IE0	IT0	
TMOD	按字节访问，但相应位有特定含义（见第 11 章）								89H
TL0									8AH
TL1									8BH
TH0									8CH
TH1									8DH
P1	97H	96H	95H	94H	93H	92H	91H	90H	**90H**
	P1.7	P1.6	P1.5	P1.4	P1.3	P1.2	P1.1	P1.0	
SCON	9FH	9EH	9DH	9CH	9BH	9AH	99H	98H	**98H**
	SM0	SM1	SM2	REN	TB8	RB8	TI	RI	
SBUF									99H
P2	A7H	A6H	A5H	A4H	A3H	A2H	A1H	A0H	**A0H**
	P2.7	P2.6	P2.5	P2.4	P2.3	P2.2	P2.1	P2.0	
IE	AFH	—	—	ACH	ABH	AAH	A9H	A8H	**A8H**
	EA	—	—	ES	ET1	EX1	ET0	EX0	
P3	B7H	B6H	B5H	B4H	B3H	B2H	B1H	B0H	**B0H**
	P3.7	P3.6	P3.5	P3.4	P3.3	P3.2	P3.1	P3.0	

续表

SFR	位地址/位符号(有效位 83 个)								字节地址
IP	—	—	—	BCH	BBH	BAH	B9H	B8H	**B8H**
	—	—	—	PS	PT1	PX1	PT0	PX0	
PSW	D7H	D6H	D5H	D4H	D3H	D2H	D1H	D0H	**D0H**
	CY	AC	F0	RS1	RS0	OV	—	P	
ACC	E7H	E6H	E5H	E4H	E3H	E2H	E1H	E0H	**E0H**
	ACC.7	ACC.6	ACC.5	ACC.4	ACC.3	ACC.2	ACC.1	ACC.0	
B	F7H	F6H	F5H	F4H	F3H	F2H	F1H	F0H	**F0H**
	B.7	B.6	B.5	B.4	B.3	B.2	B.1	B.0	

SFR 的每一位的定义和作用与单片机各部件直接相关。

（1）与运算器相关的寄存器（3 个）：
- 累加器 ACC；
- 寄存器 B；
- 程序状态字寄存器 PSW。

（2）指针类寄存器（3 个）：
- 堆栈指针 SP；
- 数据指针 DPTR（分为 DPH 和 DPL）。

（3）与接口相关的寄存器（7 个）：
- 并行 I/O 接口 P0、P1、P2、P3；
- 串行接口数据缓冲器 SBUF；
- 串行接口控制寄存器 SCON；
- 串行通信波特率倍增寄存器 PCON。

（4）与中断相关的寄存器（2 个）：
- 中断允许控制寄存器 IE；
- 中断优先级控制寄存器 IP。

（5）与定时/计数器相关的寄存器（6 个）：
- 定时/计数器 T0 的计数初值寄存器 TH0、TL0；
- 定时/计数器 T1 的计数初值寄存器 TH1、TL1；
- 定时/计数器的工作方式寄存器 TMOD；
- 定时/计数器的控制寄存器 TCON。

2. 片外 RAM

片外 RAM 的地址空间可达 64 KB，对应的地址范围是 0000H～FFFFH。片外 RAM 与片内 RAM 是各自独立编址的，可以采用不同的寻址方式加以区分。访问片外 RAM 使用指令 MOVX，该指令可以让读（RD）或写（WR）信号有效；而访问片内 RAM 使用 MOV 指令，不会产生读写信号。另外，片外 RAM 不能进行堆栈操作。

7.4.2　80C51 的程序存储器(ROM)

80C51 的 PC 是 16 位计数器，可寻址 64 KB 的地址范围。

80C51 片内有 4 KB 的程序存储器，而同系列的 80C31 在片内没有程序存储器，无论是否有片内的程序存储器，该系列单片机都可以扩展片外 ROM，使程序存储空间最大可达 64 KB。

1. 片内和片外程序存储器的选择

80C51 通过 $\overline{EA}$ 引脚选择使用片内还是片外的程序存储器。当 $\overline{EA}=1$(接高电平)时，程序从内部程序存储器开始执行，其地址范围是 0000H～0FFFH，当 PC 值超过 0FFFH 时，转到外部扩展程序存储器；而当 $\overline{EA}=0$(接低电平)时，程序从外部程序存储器开始执行，外部程序存储器的地址从 0000H 开始编址，其可寻址的地址范围为 0000H～FFFFH，如图 7-6 所示。

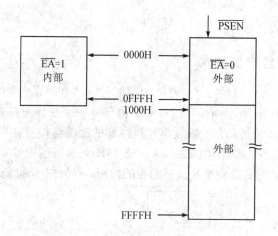

图 7-6　80C51 片内和片外程序存储器选择

2. 程序存储器的特殊保留单元

程序存储器的 0000H～002AH 是一组特殊的保留单元。0000H 是单片机复位入口，单片机复位后，从该单元开始取址、执行指令。0003H～002AH 的 40 个字节分为 5 个地址区，每个 8 字节，分配给 5 个中断源使用，分别如下：

(1) 000BH：定时/计数器 0 溢出中断服务程序入口地位；

(2) 0003H：外部中断 0 的中断服务程序入口地址；

(3) 0013H：外部中断 1 的中断服务程序入口地址；

(4) 001BH：定时/计数器 1 溢出中断服务程序入口地址；

(5) 0023H：串行口的中断服务程序入口地址。

这些地址入口在程序存储空间的位置如图 7-7 所示。

编程时，复位入口应存放一条无条件转移指令，以转移到要执行的主程序。中断地址区可以存放中断服务程序，但当中断服务程序超过 8 个字节，则应在相应中断入口处存放一条无条件转移指令，当响应该中断时，作为"跳板"，可以跳转到要执行的中断服务程序。

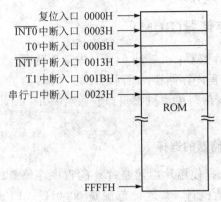

图 7-7　程序存储器保留单元的入口地址

7.5　80C51 的时钟与时序

本节介绍 80C51 的时钟与时序。

7.5.1　80C51 的时钟产生方式

80C51 的时钟信号可由两种方式产生：内部时钟方式和外部时钟方式。

内部时钟方式如图 7-8(a)所示。在 80C51 内部有一个晶体振荡器，此方式在单片机的 XTAL1 和 XTAL2 引脚外接晶振，通过单片机内部的振荡器即可在单片机内部产生时钟脉冲信号。图中，晶振 CYS 的频率范围为 1.2～33 MHz，典型值为 6 MHz、11.0592 MHz 和 12 MHz；电容 C1 和 C2 起稳定频率和快速起振的作用，容值在 5～30 pF，典型值为 30 pF。

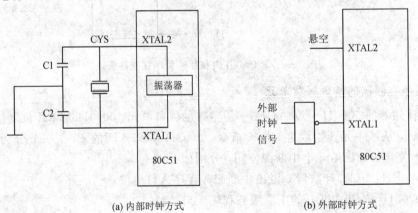

(a) 内部时钟方式　　　　　　　　　(b) 外部时钟方式

图 7-8　80C51 的时钟信号

外部时钟方式是单片机直接接入外部脉冲信号，如图 7-8(b)所示。该方式可用于系统中有多个单片机同时工作，采用公共外部脉冲信号以保持各单片机时钟的同步。外部时钟要由 XTAL1 端引入，而 XTAL2 引脚应悬空。外部脉冲信号应为正、负脉冲大于 20 ns 的方波，脉冲频率低于 12 MHz。

7.5.2　80C51 的时序单位

80C51 的时序单位有拍节(P)、S 状态、机器周期和指令周期，如图 7-9 所示。

振荡脉冲的周期定义为晶振周期或拍节，是单片机最小的时序单位。

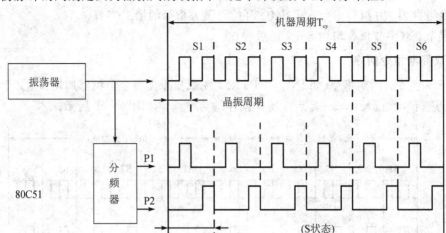

图 7 - 9　80C51 的时序信号

振荡脉冲二分频后，得到单片机的时钟信号，其周期定义为状态(S)，也称为 S 状态。一个状态包含两个拍节，第一个拍节称为 P1，第二个拍节称为 P2。

80C51 有固定的机器周期，一个机器周期包含 6 个 S 状态，并依次表示为 S1～S6，且每个 S 状态包含两个拍节，一个机器周期包含 12 个拍节(晶振周期)，可记作 S1P1、S1P2、…、S6P1、S6P2。

指令周期是执行一条指令所需要的时间，它是最大的时序单位。指令周期以机器周期为基本单位。80C51 的指令周期可包含 1、2 或 4 个机器周期。如：当晶振频率为 12 MHz 时，机器周期为 1 μs，指令周期为 1～4 个机器周期，即 1～4 μs。

7.5.3　80C51 的典型时序

80C51 的时序主要包括单周期指令时序和双周期指令时序两种。

1. 单周期指令时序

单字节指令(如 INC　A)的时序如图 7-10(a)所示。从 S1P2 开始将指令码读入指令寄存器，并执行指令。从 S4P2 开始读入下一指令的操作码，但会丢弃(即空读)，且程序计数器 PC 也不加 1。

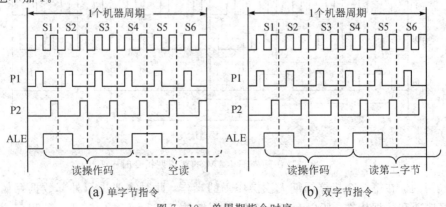

(a) 单字节指令　　　　　　　　　(b) 双字节指令

图 7 - 10　单周期指令时序

双字节指令(如 MOV A，♯50H)的时序如图 7-10(b)所示。从 S1P2 开始将指令码读入指令寄存器，并执行指令。从 S4P2 开始再读入指令的第二字节。

单字节、双字节指令均在 S6P2 结束操作。

2. 双周期指令时序

对于单字节双周期指令(如 INC DPTR)，完成指令需要 2 个机器周期。在 2 个机器周期中，会进行 4 次读操作，只是后 3 次读操作均为空读，如图 7-11 所示。

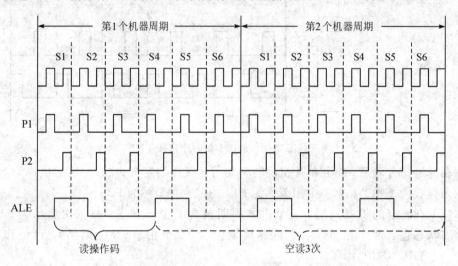

图 7-11 单字节双周期指令时序

由图 7-10、图 7-11 可见，每个机器周期中 ALE 信号两次有效，具有稳定的频率，可以用作其他设备的时钟信号，其周期为机器周期的 2 倍，频率为晶振频率的 1/6。

对片外 RAM 进行读/写操作时(如 MOVX A，@DPTR)，ALE 信号也会出现非周期现象，如图 7-12 所示。

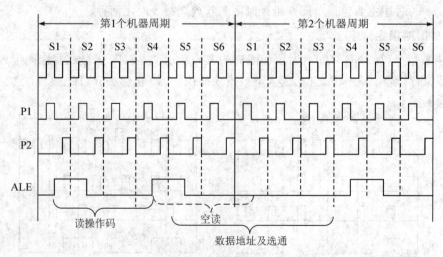

图 7-12 访问外部 RAM 的双周期指令时序

由图可见，在第 2 个机器周期无读操作码的操作，此时需要进行外部数据存储器的寻址、数据选通和数据传送，所以在第 2 个机器周期的 S1P2～S2P1 期间，无 ALE 信号，即

ALE 信号是非周期性的。

7.6　80C51 的复位

复位可完成单片机硬件的初始化。经复位后，单片机才能正常开始工作。

当在 80C51 单片机的复位引脚 RST 接入一个保持 2 个机器周期的高电平时，单片机内部就执行复位操作，信号变低电平后，单片机开始执行程序。

复位操作有两种方式：一种是上电复位，另一种是上电加按键复位，如图 7 - 13 所示。

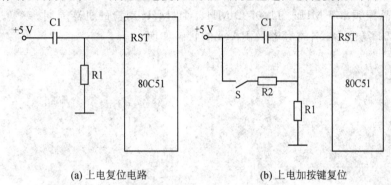

(a) 上电复位电路　　　　　　　　　　(b) 上电加按键复位

图 7 - 13　80C51 的复位电路

上电复位要求接通电源后，单片机自动实现复位操作，电路如图 7 - 13(a)所示。接上电源瞬间，RST 引脚为高电平，电容两端电压为 0，随着电容 C1 充电，电容两端电压升高，接入 RST 引脚的电压将逐渐下降。只要 RST 引脚的高电平能保持 2 个机器周期以上时间，单片机即可完成复位操作。该电路的典型参数为：晶振频率为 12 MHz 时，C1 为 10 μF，R1 为 8.2 kΩ；晶振频率为 6 MHz 时，C1 为 22 μF，R1 为 1 kΩ。

上电加按键复位电路如图 7 - 13(b)所示。该电路可实现上电复位，且在单片机工作过程中，通过按键实现复位。该电路的典型参数为：晶振频率为 6 MHz 时，C1 为 22 μF，R1 为 1 kΩ，R2 为 200 Ω。

单片机复位后的状态如下：

- PC＝0000H；
- P0 ～ P3＝FFH；
- PSW＝00H，当前工作寄存器组为组 0；
- SP＝07H；
- 各中断源处于低优先级且被关断，串行通信波特率不加倍、IP、IE 和 PCON 的有效位为 0，SBUF 状态不定；
- 其余的 SFR 均为 00H。
- 内部 RAM 不受影响。

思考与练习题

1. 微型计算机有哪几种应用形态？各有什么特点？

2. 80C51 单片机的基本组成部分是什么？各组成部分又由哪些逻辑部件组成？

3. 80C51 的程序计数器 PC 的功能是什么？有什么特点？

4. 当 80C51 的 PSW 的 RS1、RS0 的值分别为 0、1 时，选择哪组工作寄存器？

5. 80C51 的堆栈与 8088 的堆栈有什么不同？程序设计时，为何通常要重新初始化堆栈指针 SP？

6. 80C51 的存储器分为哪两种？这两种存储器的片内和片外存储器怎么选择？

7. 80C51 的程序存储器有哪几个特殊保留单元？它们有什么功能？

8. 80C51 有哪些时序单位？它们之间的关系如何？

9. 写出晶振频率 6 MHz、11.0592 MHz、12 MHz 对应的机器周期。

10. 80C51 复位后，各寄存器及 RAM 的状态如何？

第 8 章　80C51 指令系统

本章主要介绍 80C51 的指令系统，首先简要介绍指令的基本格式、分类，然后介绍 80C51 指令的寻址方式，最后按功能分类详细介绍 80C51 的五大类指令。

8.1　80C51 指令概述

80C51 的指令与 8088/8086 指令格式一样，由操作码、目的操作数、源操作数及注释等组成。一般格式如下：

　　　　［标号：］操作码［目标操作数］［，源操作数］［；注释］

标号是用户定义的符号，代表指令所在的地址；操作码即指令助记符，规定了指令要执行的操作；操作数指令执行操作的对象，可以是参与操作的数据或数据的地址，80C51 指令中可以有 0～3 个操作数；注释是对指令的说明，以"；"开始。格式中"［ ］"表示可选项。

80C51 共有 111 条指令。按指令字节数，80C51 指令可分为单字节指令(49 条)、双字节指令(45 条)和三字节指令(17 条)。

按指令执行的时间，80C51 指令可分为单周期指令(64 条)、双周期指令(45 条)和四周期指令(2 条)。

按指令功能，80C51 指令可分为数据传送指令(29 条)、算术运算指令(24 条)、逻辑运算与移位指令(24 条)、控制转移指令(17 条)和位操作指令(17 条)。

为方便描述，指令中常用如下符号：

$Rn(n=0\sim7)$：当前工作寄存器组的寄存器 R0～R7 中的一个；

$Ri(i=0，1)$：当前工作寄存器组的寄存器 R0 或 R1；

@：间接寻址或变址寻址前缀；

♯data：8 位立即数；

♯data16：16 位立即数；

direct：片内 RAM 单元地址及 SFR 地址(可用符号形式表示)；

addr11：11 位目的地址；

addr16：16 位目的地址；

rel：8 位地址偏移量，范围是 $-128\sim+127$；

bit：片内 RAM 的位地址、SFR 的位地址(可用符号形式表示)；

/：位操作的取反操作前缀；

（×）：表示×地址单元或寄存器的内容；

（（×））：表示以×单元或寄存器的内容为地址的单元的内容；

←：数据传送方向；

↔：数据交换。

8.2　80C51 的寻址方式

80C51 有 7 种寻址方式：立即寻址、寄存器寻址、直接寻址、寄存器间接寻址、变址寻址、相对寻址和位寻址，如表 8-1 所示。

表 8-1　80C51 的寻址方式

寻址方式	寻址空间
立即寻址	ROM
寄存器寻址	寄存器 R0～R7，A、AB、DPTR、C
直接寻址	片内 RAM 低 128 字节、SFR
寄存器间接寻址	片内 RAM 低 128 字节（@R0、@R1，SP） 片外 RAM（@R0、@R1、@DPTR）
变址寻址	ROM（@A+DPTR、@A+PC）
相对寻址	ROM（PC+偏移量，范围为相对 PC 的-128 字节～+127 字节）
位寻址	片内 RAM 的 20H～2FH 位寻址区，11 个可位寻址的 SFR

1. 立即寻址

立即寻址的操作数直接在指令中给出。例如指令：

　　MOV　A，♯3CH　；（A）←3CH

该指令将立即数♯3CH 送入累加器 A 中，故源操作数采用立即寻址，如图 8-1 所示。

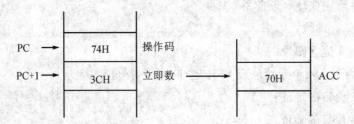

图 8-1　立即寻址示意图

除 8 位立即数，80C51 还有一条 16 位立即寻址的指令，为 MOV DPTR，♯data16。

2. 寄存器寻址

寄存器寻址的操作数存放在寄存器中。例如指令：

    MOV　A, R0

若(R0)＝50H, 指令执行后, 则把 50H 送入累加器 A 中。

80C51 中可用于该寻址方式的寄存器有寄存器 R0～R7、A、AB、DPTR、C(PSW 的进位标志 CY)等。

3. 直接寻址

直接寻址是在指令中直接给出操作数单元的地址。例如指令：

    MOV　A, 30H　;(A)←(30H)

源操作数 30H 采用的就是直接寻址方式, 该指令将地址单元 30H 的内容送到累加器 A 中, 若(30H)＝66H, 则执行指令后, A 的值就变成 66H。

直接寻址对应的寻址空间有：

(1) 片内 RAM 低 128 字节单元；

(2) SFR；

(3) 位地址空间。

4. 寄存器间接寻址

在寄存器间接寻址中, 寄存器存放的是操作数所在单元的地址, 根据单元的地址去取操作数。为了区别于寄存器寻址, 寄存器间接寻址的寄存器的名称前应加前缀"@"。例如指令：

    MOV　A, @R1　;(A)←((R1))

该指令中, 寄存器 R1 的内容为操作数所在单元的地址, 根据此地址再找到所需的操作数, 然后将操作数送入累加器 A, 执行过程如图 8-2 所示。

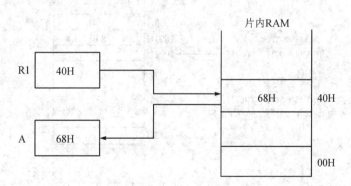

图 8-2　寄存器间接寻址示意图

5. 变址寻址

变址寻址全称为基址加变址寄存器间接寻址。变址寻址以 DPTR 或 PC 作为基址寄存器, 以累加器 A 作为变址寄存器, 两者内容相加得到 16 位的操作数地址, 然后根据该地址取得操作数。变址寻址的寻址空间是 ROM。例如指令：

　　MOVC　A，@A+DPTR

　　若指令执行前(A)＝60H，(DPTR)＝3200H，则变址寻址形成的访问 ROM 的地址为 3200H＋60H＝3260H，而 3260H 单元中的内容为 77H，执行指令后，累加器 A 的内容为 77H，如图 8-3 所示。

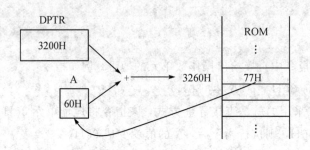

图 8-3　变址寻址示意图

6. 相对寻址

　　相对寻址用于转移类指令。在相对寻址中，若给出地址偏移量 rel，则只要把执行完该指令后的 PC 当前值加上 rel 就构成程序转移的目的地址，可用公式表示为：目的地址＝转移指令地址＋转移指令字节数＋rel。偏移量 rel 是带符号的 8 位二进制数，取值范围为 －128～＋127。例如指令：

　　JC　rel

　　若 rel 为 80H，PSW.7 为 1，指令 JC rel 存放在 ROM 的 1000H 开始的地址单元中，则执行指令过程如图 8-4 所示。

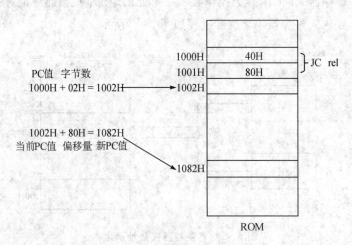

图 8-4　相对寻址示意图

7. 位寻址

　　80C51 具有位处理能力，可以对数据位进行操作，对其操作采用位寻址方式。位寻址可操作的空间有片内 RAM 的位寻址区和可以位寻址的 SFR。例如指令：

　　MOV　C，3BH

若(3BH)=1，即将位地址单元 3BH 的值传送到位累加器 C，执行完成后，C 的值为 1。

位地址的表示方法有 4 种形式：

(1) 直接地址，如 PSW 的位 5 地址为 D5H；

(2) 点操作符，如 PSW 的位 5 地址可表示为 PSW.5、D0.5；

(3) 位名称，如 PSW 的位 5 用名称表示是 F0；

(4) 伪指令，如预先将 PSW 的位通过伪指令定义为 FLAG0　BIT F0，则可以用 FLAG0 代表该位。

8.3　80C51 的指令系统

本节根据 80C51 指令的功能，分别介绍 80C51 的 5 大类指令，分别是：数据传送指令、算术运算指令、逻辑运算与移位指令、控制转移指令和位操作指令。

8.3.1　数据传送指令

数据传送指令包括：片内 RAM 数据传送指令、片外 RAM 及 I/O 接口数据传送指令、ROM 读指令、堆栈指令和数据交换指令。

1. 片内 RAM 数据传送指令

片内 RAM 数据传送指令分为 8 位传送和 16 位传送两类。

1) 8 位传送

8 位传送即字节传送，可将源字节拷贝到目的字节，且源字节不变，其格式为：

　　MOV〈目标操作数〉，〈源操作数〉

源操作数和目标操作数可采用多种寻址方式，因此指令可有多种形式，即对应多条指令。源操作数和目标操作数的关系是：

	目标操作数	源操作数
	A	A
	Rn	Rn
MOV	direct	direct
	@Ri	@Ri
		#data

由此可见，五种源操作数中，只有立即数不能作为目标操作数，且还应遵循以下约束条件：

• 源操作数与目标操作数不能相同(direct 除外)；

• Rn 和@Ri 间不能互相传送。

根据上述约束条件，可以按目标操作数，分为 4 类指令。

(1) 以 A 为目标操作数(4 条)。

  MOV A，Rn   ; A←(Rn)

  MOV A，direct   ; A←(direct)

  MOV A，@Ri   ; A←((Ri))

  MOV A，♯data   ; A←data

【例 8 - 1】 将立即数 90H 传送至累加器 A。

  MOV A，♯90H

【例 8 - 2】 已知(R0)=30H，(30H)=44H，执行以下指令。

  MOV A，@R0

执行后 (A)=44H。

(2) 以 Rn 为目标操作数(3 条)。

  MOV Rn，A   ; Rn←(A)

  MOV Rn，direct   ; Rn←(direct)

  MOV Rn，♯data   ; Rn←data

【例 8 - 3】 已知(30H)=25H，执行以下指令。

  MOV R3，30H

执行后(R3)=25H。

(3) 以 direct 为目标操作数(5 条)。

  MOV direct，A   ; direct←(A)

  MOV direct，Rn   ; direct←(Rn)

  MOV direct，direct1 ; direct←(direct1)

  MOV direct，@Ri ; direct←((Ri))

  MOV direct，♯data ; direct←data

【例 8 - 4】 已知(30H)=25H，(50H)=66H，执行以下指令。

  MOV 30H，50H

执行后(30H)=66H。

【例 8 - 5】 已知(R0)=30H，(30H)=55H，执行以下指令。

  MOV P1，@R0

执行后(P1)=55H

(4) 以@Ri 为目标操作数(3 条)。

  MOV @Ri，A   ; (Ri)←(A)

  MOV @Ri，direct   ; (Ri)←(direct)

  MOV @Ri，♯data ; (Ri)←data

【例 8 - 6】 已知(R0)=30H，(A)=35H，执行以下指令。

　　　　　　MOV　　　　　　　　　@R0，A

执行后(30H)＝35H。

2) 16 位传送

16 位传送的指令只有 1 条，即

　　　　MOV　DPTR，♯data16　　；DPTR ←data16

【例 8 - 7】　将 16 位立即数 1234H 送入 DPTR，其中高 8 位送入 DPH，低 8 位送入 DPL。

　　　　MOV　DPTR，♯1234H

2. 片外 RAM 及 I/O 接口数据传送指令

对片外扩展的 RAM 及 I/O 接口的读/写均使用 MOVX 指令，X 代表外部。

(1) 读片外 RAM 及 I/O 接口：

　　　　MOVX　A，@DPTR　；A ←((DPTR))

　　　　MOVX　A，@Ri　　　；A ←((Ri))

使用 DPTR 作为间址，可寻址 64 KB 的空间。Ri 虽为 8 位地址指针(低 8 位地址)，其寻址范围也不只限于 256 字节，通过预置 P2 口(高 8 位地址)的值，也可以实现对 64KB 空间任意单元的访问。

【例 8 - 8】　将片外 RAM 单元 2000H 的内容送到片内 RAM 单元 75H。

　　　　MOV　DPTR，♯2000H

　　　　MOVX A，@DPTR

　　　　MOV　75H，A

(2) 写片外 RAM 及 I/O 接口：

　　　　MOVX　@DPTR，A　；((DPTR))←A

　　　　MOVX　@Ri，A　　　；((Ri))←A

【例 8 - 9】　将片内 RAM 单元 60H 的内容送到片外 RAM 单元 3FH。

　　　　MOV　R0，3FH

　　　　MOV　A，60H

　　　　MOVX　@R0，A

3. ROM 读指令

对程序存储器 ROM 只能做读操作，因为 ROM 的片内外是统一编址的(尽管可以通过 $\overline{EA}$ 引脚选择 ROM 的起始地址从片内还是片外开始)，所以访问 ROM 都使用指令 MOVC，C 为 Code 的第一个字母，代表代码的意思。在实际应用中，常把常数表格放在 ROM 中，以便快速查找，因此 MOVC 也称为查表指令。

　　　　MOVC　A，@A+DPTR　　；A ←((A)+(DPTR))

　　　　MOVC　A，@A+PC　　　；A ←((A)+(PC))

A 在指令执行前，作变址寄存器(即表格中的偏移量)，指令执行后，存放查表结果。两条指令分别使用 DPTR 和 PC 作为基址寄存器(即表格首地址)。使用 DPTR 时，可寻址

64 KB 的空间，但会占用 DPTR 寄存器，称为远程查表指令；使用 PC 时，执行该指令后 PC 自动加 1，然后与 A 相加以确定所查表项地址，查表范围取决于 A 中偏移量，故表格范围不能超过 256 字节，称为近程查表指令。

【例 8 - 10】　若指令 MOVC A，@A+PC 所在的地址为 8000H，且(A)=20H。执行时，取出该指令后 PC+1，为 8001H，(PC)+(A)=8001+20H=8021H，所以指令执行后，ROM 的地址单元 8021H 的内容会送入累加器 A，即(A)=(8021H)。

4. 堆栈指令

堆栈遵循"后进先出"的原则工作。80C51 的堆栈设置在片内 RAM 低 128 单元中，与 8088/8086 不同，它是按地址增大方向生成的。

```
PUSH    direct      ; SP←(SP)+1，((SP))←(direct)
POP     direct      ; (direct)←((SP))，SP←(SP)-1
```

80C51 系统复位时，SP=07H，而地址 07H～1FH 的单元正好是工作寄存器区，故使用堆栈时，通常应将 SP 初始化到片内地址单元 30H 之后。

【例 8 - 11】　设(35H)=X，(36H)=Y，利用堆栈交换 35H 和 36H 两单元的内容。

程序如下：

```
MOV     SP，♯50H   ; 设置 SP 初值为 50H
PUSH    35H         ; (SP)=(SP)+1=51H，(51H)←X
PUSH    36H         ; (SP)=(SP)+1=52H，(52H)←Y
POP     35H         ; (35H)←Y，(SP)=(SP)-1=51H
POP     36H         ; (36H)←Y，(SP)=(SP)-1=50H
```

5. 数据交换指令

数据交换指令可完成累加器 A 和片内 RAM 之间的字节或半字节交换。

(1) 字节交换。

```
XCH   A，Rn      ; (A)↔(Rn)
XCH   A，@Ri     ; (A)↔((Ri))
XCH   A，direct  ; (A)↔(direct)
```

【例 8 - 12】　将 30H 的内容与 A 中的内容互换。

```
XCH   A，30H
```

(2) 半字节交换。

```
XCHD  A，@Ri     ; (ACC.3～ACC.0)↔((Ri).3～(Ri).0)
SWAP  A          ; (ACC.3～ACC.0)↔(ACC.7～ACC.4)
```

【例 8 - 13】　若(A)=C0H，将 A 的高 4 位与低 4 位互换。

```
SWAP  A
```

执行后，(A)=0CH

数据传送指令汇总如表 8-2 所示。

表 8-2　数据传送指令

编号	指令分类	指　令	机器码	机器周期数
1	16 位传送	MOV DPTR，#data16	90H dataH dataL	2
2	A 为目的	MOV A，Rn	E8H（～EFH）	1
3		MOV A，direct	E5H direct	1
4		MOV A，@Ri	E6H（～E7H）	1
5		MOV A，#data	74H data	1
6	Rn 为目的	MOV Rn，A	F8H（～FFH）	1
7		MOV Rn，direct	A8H（～AFH） direct	2
8		MOV Rn，#data	78H（～7FH） data	1
9	direct 为目的	MOV direct，A	F5H direct	1
10		MOV direct，Rn	88H（～8FH） direct	2
11		MOV direct，direct1	85H direct1 direct	2
12		MOV direct，@Ri	86H（～87H） direct	2
13		MOV direct，#data	75H direct data	2

编号	指令分类	指　令	机器码	机器周期数
14	@Ri 为目的	MOV @Ri，A	F6H（～F7H）	1
15		MOV @Ri，direct	A6H（～A7H） direct	2
16		MOV @Ri，♯data	76H（～77H） data	1
17	读片外 RAM 及 I/O 接口	MOVX A，@DPTR	E0H	2
18		MOVX A，@Ri	E2H（～E3H）	2
19	写片外 RAM 及 I/O 接口	MOVX @DPTR，A	F0H	2
20		MOVX @Ri，A	F2H（～F3H）	2
21	读 ROM	MOVC A，@A+DPTR	93H	2
22		MOVC A，@A+PC	83H	2
23	堆栈操作	PUSH direct	C0H direct	2
24		POP direct	D0H direct	2
25	字节交换	XCH A，Rn	C8H（～CFH）	1
26		XCH A，direct	C5H direct	1
27		XCH A，@Ri	C6H（～C7H）	1
28	半字节交换	XCHD A，@Ri	D6H（～D7H）	1
29		SWAP A	C4H	1

　　由表可见，大部分指令都需要用到累加器 A，且使用 A 的指令在同类指令中执行所耗费的机器周期数也较少，所以应优先使用包含 A 的指令。

8.3.2　算术运算指令

　　大部分算术运算指令的运算结果对 PSW 中的状态标志 CY、OV、AC 和 P 会产生影响。

1. 加法指令

1）不带进位的加法

不带进位的加法指令共有 4 条，均需要通过累加器 A 完成操作，运算结果也放在 A 中。运算结果对 PSW 中的各状态标志都会产生影响。

　　ADD　A，Rn　　　；(A)←(A)＋(Rn)

　　ADD　A，direct　；(A)←(A)＋(direct)

　　ADD　A，@Ri　　；(A)←(A)＋((Ri))

　　ADD　A，♯data　；(A)←(A)＋data

对无符号数相加，其范围为 0～255，是否超出范围，需要考察进位标志 CY；对有符号数的加法，以补码相加的形式，范围为－128～＋127，是否溢出，则要考察溢出标志 OV。

【例 8-14】　若(A)＝D5H，(R0)＝93H，执行指令 ADD A，R0。

$$11010101$$
$$+\quad 10010011$$
$$\overline{\qquad\qquad\qquad}$$
$$101101000$$

相加后，(A)＝01101000B＝68H。若两数是无符号数，则 CY＝1，可判断结果超出计算范围，正确的结果实际为 100H＋68H；若两数是有符号数，根据双高位判别法，次高位和最高位进位状态不同，OV＝1，运算结果发生溢出，则 A 中的结果是错误的值。

2）带进位的加法

带进位的加法指令在相加时，还要加上进位标志 CY 的值，其运算结果对 PSW 中的各状态标志都会产生影响。带进位的加法常用于多字节相加的情形。

　　ADDC　A，Rn　　　；(A)←(A)＋(Rn)＋(CY)

　　ADDC　A，direct　；(A)←(A)＋(direct)＋(CY)

　　ADDC　A，@Ri　　；(A)←(A)＋((Ri))＋(CY)

　　ADDC　A，♯data　；(A)←(A)＋data＋(CY)

3）加 1 指令

加 1 指令又称为增量指令，可完成对指定单元内容加 1 的操作。

　　INC　A　　　　；(A)←(A)＋1

　　INC　Rn　　　；(Rn)←(Rn)＋1

　　INC　direct　；(direct)←(direct)＋1

　　INC　@Ri　　；(Ri)←((Ri))＋1

　　INC　DPTR　；(DPTR)←(DPTR)＋1

上述指令中只有第一条会影响 PSW 的奇偶标志 P，其他指令均不影响各状态标志位。

4）十进制调整

对于压缩 BCD 码表示的十进制数，按二进制做加法运算后，需要通过十进制调整指令后，才能得到压缩 BCD 码表示的运算结果。

　　DA　A　　；若(AC)＝1 或 A3～A0＞9，则(A)←(A)＋06H

　　　　　　　；若(CY)＝1 或 A7～A4＞9，则(A)←(A)＋60H

调整之前，二进制加法的运算结果应放在 A 中，则 DA 指令会对 A 中的数值按以下规则操作：

（1）若 A 的低 4 位大于 9（即出现非 BCD 码 1010～1111），或者低 4 位产生进位（AC＝1）时，则需将 A 的低 4 位作加 6 调整，以得到低 4 位正确的 BCD 码的计算结果。

（2）若 A 的高 4 位大于 9（即出现非 BCD 码 1010～1111），或者高 4 位产生进位（CY＝1）时，则需将 A 的高 4 位作加 6 调整，以得到高 4 位正确的 BCD 码的计算结果。

【例 8 - 15】　若（A）＝（68）$_{BCD}$＝01101000B，（R3）＝（57）$_{BCD}$＝01010111B，执行以下指令：

　　ADD　A，R3

　　DA　　A

运算及十进制调整过程如下：

$$
\begin{array}{r}
0\,1\,1\,0\,1\,0\,0\,0\,(68) \\
+\ \ 0\,1\,0\,1\,0\,1\,1\,1\,(57) \\
\hline
1\,0\,1\,1\,1\,1\,1\,1 \\
+\ \ 0\,1\,1\,0\,0\,1\,1\,0 \\
\hline
0\,0\,1\,0\,0\,1\,0\,1\,(25)
\end{array}
$$

相加并调整后，（A）＝00100101B，即（25）$_{BCD}$，（CY）＝1，即正确结果为：125。

DA 指令可以影响 PSW 的标志 CY、AC 和 P。

2. 减法指令

（1）带借位的减法。80C51 只有带借位的减法指令，共 4 条。

　　SUBB　A，Rn　　；（A）←（A）－（Rn）－（CY）

　　SUBB　A，direct　；（A）←（A）－（direct）－（CY）

　　SUBB　A，@Ri　；（A）←（A）－（（Ri））－（CY）

　　SUBB　A，♯data　；（A）←（A）－ data－（CY）

【例 8 - 16】　若（A）＝DAH，（R3）＝75H，（CY）＝1，执行指令 SUBB A，R3。

$$
\begin{array}{r}
1\,1\,0\,1\,1\,0\,1\,0 \\
0\,1\,1\,1\,0\,1\,0\,1 \\
-\ \ \ \ \ \ \ \ \ \ \ \ \ \ 1 \\
\hline
0\,1\,1\,0\,0\,1\,0\,0
\end{array}
$$

结果为（A）＝01100100B，（CY）＝0，（OV）＝1。若为无符号数相减，则计算结果正确；若为有符号数相减，由于（OV）＝1，发生溢出，则计算结果错误。

（2）减 1 指令。减 1 指令可完成对指定单元内容减 1 的操作。

　　DEC　A　　　；（A）←（A）－1

　　DEC　Rn　　　；（Rn）←（Rn）－1

　　DEC　direct　；（direct）←（direct）－1

　　DEC　@Ri　　；（Ri）←（（Ri））－1

上述指令中只有第一条会影响 PSW 的奇偶标志 P，其他指令均不影响各状态标志位。

3. 乘法指令

乘法指令可完成两个无符号整数的乘法，指令只有 1 个字节，执行需要 4 个机器周期。

　　MUL　AB　　；A 乘以 B，结果高 8 位放在 B 中，低 8 位放在 A 中

指令执行后，CY 总是被清 0。当乘积大于 FFH 时，(OV)=1。

4. 除法指令

除法指令可完成两个无符号整数的除法，指令只有 1 个字节，执行需要 4 个机器周期。

　　DIV　AB　　；A 除以 B，商的整数部分放在 A 中，余数放在 B 中

指令执行后，CY 总是被清 0。当除数为 0 时，(OV)=1。

算术运算指令汇总如表 8-3 所示。

表 8-3　算术运算指令

编号	指令分类	指　令	机器码	机器周期数
1	不带进位加	ADD A, Rn	28H（~2FH）	1
2		ADD A, direct	25H direct	1
3		ADD A, @Ri	26H（~27H）	1
4		ADD A, #data	24H data	1
5	带进位加	ADDC A, Rn	38H（~3FH）	1
6		ADDC A, direct	35H direct	1
7		ADDC A, @Ri	36H（~37H）	1
8		ADDC A, #data	34H data	1
9	加 1	INC A	04H	1
10		INC Rn	08H（~0FH）	1
11		INC direct	05H direct	1
12		INC @Ri	06H（~07H）	1
13		INC DPTR	A3H	2

续表

编号	指令分类	指　令	机器码	机器周期数
14	十进制调整	DA A	D4H	1
15		SUBB A，Rn	98H（~9FH）	1
16		SUBB A，direct	95H	1
			direct	
17	带借位减	SUBB A，@Ri	96H（~97H）	1
18		SUBB A，♯data	94H	1
			data	
19		DEC A	14H	1
20		DEC Rn	18H（~1FH）	1
21	减1	DEC direct	15H	1
			direct	
22		DEC @Ri	16H（~17H）	1
23	乘法	MUL AB	A4H	4
24	除法	DIV AB	84H	4

8.3.3　逻辑运算与移位指令

80C51 的逻辑运算类指令可以完成与、或、异或、清 0、取反和移位等操作。这些指令一般不影响 PSW 的状态标志，只有当操作数为 A 时，会影响标志 P。另外，带进位移位指令会影响 CY。逻辑运算与移位指令主要有以下几种：

（1）逻辑与指令。

```
ANL   A，Rn          ；(A)←(A)∧(Rn)
ANL   A，direct      ；(A)←(A)∧(direct)
ANL   A，@Ri         ；(A)←(A)∧((Ri))
ANL   A，♯data       ；(A)←(A)∧ data
ANL   direct，A      ；(direct)←(direct)∧(A)
ANL   direct，♯data  ；(direct)←(direct)∧ data
```

【例 8-17】 检测 P1 口的低 4 位，可用以下指令完成：

```
MOV  P1，0FFH       ；向 P1 口各位写入"1"
MOV  A，P1          ；读入 P1 口引脚状态
ANL  A，♯0FH        ；将 P1 口高 4 位清 0，保留低 4 位
```

（2）逻辑或指令。

ORL A，Rn ；(A)←(A)∨(Rn)

ORL A，direct ；(A)←(A)∨(direct)

ORL A，@Ri ；(A)←(A)∨((Ri))

ORL A，#data ；(A)←(A)∨ data

ORL direct，A ；(direct)←(direct)∨(A)

ORL direct，#data ；(direct)←(direct)∨ data

【例 8-18】 将 P0 口的高 4 位设置为"1"，可用以下指令完成：

ORL P0，#0F0H

（3）逻辑异或指令。

XRL A，Rn ；(A)←(A)⊕(Rn)

XRL A，direct ；(A)←(A)⊕(direct)

XRL A，@Ri ；(A)←(A)⊕((Ri))

XRL A，#data ；(A)←(A)⊕data

XRL direct，A ；(direct)←(direct)⊕(A)

XRL direct，#data ；(direct)←(direct)⊕data

（4）累加器清 0 和取反指令。

CLR A ；(A)←0

CPL A ；(A)←($\overline{A}$)

（5）移位指令。80C51 只有循环移位指令，需要移位的数据必须先存到累加器 A 中。

RL A ；(A7~A1)←(A6~A0)，(A0)←(A7)

RR A ；(A7~A1)→(A6~A0)，(A0)→(A7)

RLC A ；(CY)←(A7)，(A7~A1)←(A6~A0)，(A0)←(CY)

RRC A ；(CY)→(A7)，(A7~A1)→(A6~A0)，(A0)→(CY)

循环移位指令具体操作如图 8-5 所示。

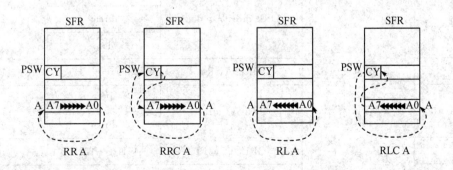

图 8-5 循环移位指令操作

【例 8-19】 已知 P1 口外接了 8 个发光二极管，当某个口输出低电平时，发光二极管点亮，请编写实现每秒循环点亮发光二极管的程序。假设延时 1 s 的子程序为 DELAY1 s。

```
START：MOV      A，#0FEH
LOOP： RL       A
       MOV      P1，A
       LCALL    DELAY1 s
       AJMP     LOOP
```

逻辑运算与移位指令汇总如表 8 - 4 所示。

表 8 - 4　逻辑运算与移位指令

编号	指令分类	指　令	机器码	机器周期数
1		ANL direct，A	52H	1
			direct	
2		ANL direct，#data	53H	2
			direct	
			data	
3	逻辑与	ANL A，Rn	58H（～5FH）	1
4		ANL A，direct	55H	1
			direct	
5		ANL A，@Ri	56H（～57H）	1
6		ANL A，#data	54H	1
			data	
7		ORL direct，A	42H	1
			direct	
8		ORL direct，#data	43H	2
			direct	
			data	
9	逻辑或	ORL A，Rn	48H（～4FH）	1
10		ORL A，direct	45H	1
			direct	
11		ORL A，@Ri	46H（～47H）	1
12		ORL A，#data	44H	1
			data	

编号	指令分类	指令	机器码	机器周期数
13		XRL direct, A	62H	1
			direct	
14		XRL direct, #data	63H	2
			direct	
			data	
15	逻辑异或	XRL A, Rn	68H (~6FH)	1
16		XRL A, direct	65H	1
			direct	
17		XRL A, @Ri	66H (~67H)	1
18		XRL A, #data	64H	1
			data	
19	清 0	CLR A	E4H	1
20	取反	CPL A	F4H	1
21		RR A	03H	1
22	移位	RRC A	13H	1
23		RL A	23H	1
24		RLC A	33H	1

8.3.4　控制转移指令

控制转移指令可以改变 PC 值, 然后程序转移到新的地址继续执行。

1. 无条件转移指令

(1) 短跳转。

　　AJMP　addr11　;(PC)←(PC)+2, (PC10~PC0)←addr11

执行该指令, 先将 PC 值加 2, 使 PC 指向该指令的下一条指令, 然后将 addr11 送入 PC 低 11 位, PC 高 5 位保持不变。该指令转移范围不超过 2 KB, 与下一条指令位于同一 2 KB 页面内。80C51 可将 ROM 划分为 32 个 2 KB 的页(页 0、页 1、…、页 31), 如图 8-6 所示。AJMP 可以实现页内的转移。

当 AJMP 指令刚好处于某页的最后 2 个单元时, 转移目标地址将在下一页面内。

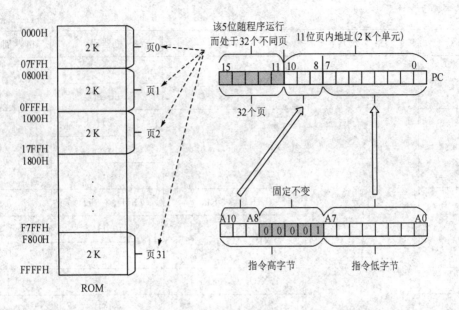

图 8-6　AJMP 指令

（2）长跳转。

　　　　LJMP　addr16　　　　　　　　；(PC)←addr16

LJMP 可以实现程序在 64 KB 的范围内跳转。

【例 8-20】　若用户程序初始地址为 1000H，则 80C51 复位（PC=0000H）后，要使程序转移到用户程序的位置执行，可将以下指令存放在 ROM 的地址为 0000H 的位置，即

0000H：LJMP 1000H

（3）相对转移。

　　　　SJMP　rel　　　　　　　　　；(PC)←(PC)+2，(PC)←(PC)+rel

rel 是一个有符号数（补码形式）表示的偏移量，取值范围为 -128~+127。使用指令时，可用一个标号表示转移的目标，如 SJMP NEXT。

（4）散转移。

　　　　JMP　@A+DPTR　　　　；(PC)←(PC)+1，(PC)←(A)+(DPTR)

该指令可以使程序转移到多个分支。注意指令与 8088/8086 的无条件转移指令 JMP 的区别。该指令执行不影响标志位。

【例 8-21】　若 A 分别为 00H、01H、10H 和 11H 时，程序对应转移到标号 NEXT0、NEXT1、NEXT2 和 NEXT3 的位置执行，编写程序如下：

　　　　　　　MOV DPTR，#TAB　　　　；表格首地址放 DPTR

　　　　　　　JMP @A+DPTR　　　　　　；转移到 TAB 首地址加上偏移量 A 的表项

　　TAB：　AJMP NEXT0

　　　　　　　AJMP NEXT1

　　　　　　　AJMP NEXT2

　　　　　　AJMP NEXT3

NEXT0：…

　　　　…

NEXT1：…

　　　　…

NEXT2：…

　　　　…

NEXT3：…

　　　　…

2. 条件转移指令

(1) 累加器判 0 转移。

　　　JZ　　　rel　　　；若(A)＝0，则(PC)←(PC)＋2＋rel

　　　　　　　　　　　；若(A)≠0，则(PC)←(PC)＋2

　　　JNZ　　rel　　　；若(A)≠0，则(PC)←(PC)＋2＋rel

　　　　　　　　　　　；若(A)＝0，则(PC)←(PC)＋2

　　该指令是根据累加器 A 的内容是否为 0 确定程序转移的方向。目标地址的计算和范围与 SJMP 指令相同，指令中标号也可以表示转移的目标。注意该指令与 8088/8086 的 JZ/JNZ(根据 ZF 标志判断)指令的区别。该指令执行时不影响标志位。

　　(2) 比较不等转移。

　　　CJNE　A, direct, rel　　；若(A)≠(direct)，则(PC)←(PC)＋3＋rel

　　　　　　　　　　　　　　；若(A)＝(direct)，则(PC)←(PC)＋3

　　　CJNE　A, ♯data, rel　　；若(A)≠data，则(PC)←(PC)＋3＋rel

　　　　　　　　　　　　　　；若(A)＝data，则(PC)←(PC)＋3

　　　CJNE　Rn, ♯data, rel　　；若(Rn)≠data，则(PC)←(PC)＋3＋rel

　　　　　　　　　　　　　　；若(Rn)＝data，则(PC)←(PC)＋3

　　　CJNE　@Ri, ♯data, rel　；若((Ri))≠data，则(PC)←(PC)＋3＋rel

　　　　　　　　　　　　　　；若((Ri))＝data，则(PC)←(PC)＋3

　　这组指令是比较目的字节和源字节，若不相等，则转移。指令会影响进位标志 CY。若两数不等，目的字节大于源字节，则(CY)＝0；目的字节小于源字节，则(CY)＝1。若两数相等，则(CY)＝0。

　　【例 8 - 22】　若(A)≠90H，则转移到 NEXT 处执行，执行以下程序：

　　　　　CJZE A, 90H, NEXT

　　　　　…

　　NEXT：…

　　　　　…

（3）减 1 不为 0 转移。

```
DJNZ   Rn，rel    ；(PC)←(PC)＋2，(Rn)←(Rn)－1
                  ；若(Rn)≠0，则(PC)←(PC)＋rel
                  ；若(Rn)＝0，则结束循环，程序向下顺序执行
DJNZ   direct，rel ；(PC)←(PC)＋3，(direct)←(direct)－1
                  ；若(direct)≠0，则(PC)←(PC)＋rel
                  ；若(direct)＝0，则结束循环，程序向下顺序执行
```

【例 8 - 23】 要计算 1＋2＋ ... ＋100，编写程序如下：

```
       MOV   R7，♯100
       CLR   A
LOOP： ADD   A，R7
       DJNZ  R7，LOOP
       SJMP  $
```

3. 子程序调用与返回指令

（1）子程序调用。

```
ACALL addr11  ；(PC)←(PC)＋2，(SP)←(SP)＋1，((SP))←(PC7~0)
              ；(SP)←(SP)＋1，((SP))←(PC15~8)，(PC10~0)←addr11
LCALL addr16  ；(PC)←(PC)＋3，(SP)←(SP)＋1，((SP))←(PC7~0)
              ；(SP)←(SP)＋1，((SP))←(PC15~8)，(PC)←addr16
```

这两条指令分别可以实现子程序的短调用和长调用，调用之前均需要将断点（调用指令的后一条指令）的 16 位 PC 值压入堆栈，低位字节先入栈，高位字节后入栈。区别在于 ACALL 的调用范围为 2 KB，而 LCALL 的调用范围为 64 KB。

（2）返回。

```
RET  ；(PC15~8)←(SP)，(SP)←(SP)－1，(PC7~0)←(SP)，(SP)←(SP)－1
RETI ；(PC15~8)←(SP)，(SP)←(SP)－1，(PC7~0)←(SP)，(SP)←(SP)－1
```

返回指令可以在程序结束时，将之前调用时保存在堆栈中的断点地址弹出到 PC 中，按照"后进先出"的原则，高位字节先出栈，低位字节后出栈，从而可以返回到断点处继续执行程序。应在子程序结束位置设置返回指令。

RET 和 RETI 均可从堆栈中弹出断点地址到 PC，区别在于 RETI 是专用于中断服务程序返回的指令，返回的同时，还可以清除对应中断优先级的中断状态触发器，以保证正确的中断逻辑。

4. 空操作指令

```
NOP  ；(PC)←(PC)＋1
```

NOP 指令不执行任何控制操作，只是将 PC 的值加 1。该指令占用 ROM1 个字节的空间，执行需要 1 个机器周期，常用于延时程序。注意与 8088/8086 的 NOP 指令的区别，

8088/8086 的 NOP 执行需要消耗 3 个时钟周期。

控制转移指令汇总如表 8-5 所示。

表 8-5　控制转移指令

编号	指令分类	指　令	机器码	机器周期数
1		AJMP addr11	a10a9a80 0001	2
			addr7~addr0	
2	无条件转移	LJMP addr16	02H	2
			addr15~addr8	
			addr7~addr0	
3		SJMP rel	80H	2
			rel	
4		JMP @A+DPTR	73H	2
5		JZ rel	60H	2
			rel	
6		JNZ rel	70H	2
			rel	
7		CJNE A,direct,rel	B5H	2
			direct	
			rel	
8		CJNE A,#data,rel	B4H	2
			data	
			rel	
9	条件转移	CJNE Rn,#data,rel	B8H(~BFH)	2
			data	
			rel	
10		CJNE @Ri,#data,rel	B6H(~B7H)	2
			data	
			rel	
11		DJNZ Rn, rel	D8H(~DFH)	2
			rel	
12		DJNZ direct, rel	D5H	2
			direct	
			rel	

编号	指令分类	指　令	机器码	机器周期数
13	子程序调用与返回	ACALL addr11	a10a9a81 0001	2
			addr7~addr0	
14		LCALL addr16	12H	2
			addr15~addr8	
			addr7~addr0	
15		RET	22H	2
16		RETI	32H	2
17	空操作	NOP	00H	1

8.3.5 位操作指令

位操作指令可以直接以"位"为单位进行运算和操作，这是 80C51 单片机的一个特点。位操作指令主要有以下几种：

(1) 位传送指令。

```
MOV   bit, C    ; (bit)←(CY)
MOV   C, bit    ; (CY)←(bit)
```

【例 8 - 24】 将 P1.4 的状态送到 P2.2，执行以下指令：

```
MOV   C, P1.4
MOV   P2.2, C
```

(2) 位置位/复位指令。

① 位置位指令。

```
SETB   C     ; (CY)←1
SETB   bit   ; (bit)←1
```

② 位复位指令。

```
CLR   C      ; (CY)←0
CLR   bit    ; (bit)←0
```

(3) 位逻辑运算指令。

位只能作逻辑运算，80C51 的位运算有"与""或"和"非"3 种。

```
ANL   C, bit    ; (CY)←(CY)∧(bit)
ANL   C, /bit   ; (CY)←(CY)∧(‾bit‾)
ORL   C, bit    ; (CY)←(CY)∧(bit)
ORL   C, /bit   ; (CY)←(CY)∧(‾bit‾)
CPL   C         ; (CY)←(‾CY‾)
CPL   bit       ; (bit)←(‾bit‾)
```

【例 8 - 25】 对位单元 35H、36H 中的内容做异或运算，并将结果存入位单元 37H。

根据异或运算公式：$A \oplus B = A\bar{B} + \bar{A}B$，编写程序如下：

```
MOV   C,35H    ;(CY)←(35H)
ANL   C,/36H   ;(CY)←(35H)∧(36H̄)
MOV   37H,C    ;暂存运算结果
MOV   C,/35H   ;(CY)←(35H̄)
ANL   C,36H    ;(CY)←(35H̄)∧(36H)
ORL   C,37H    ;(CY)←(35H)∧(36H̄)+(35H̄)∧(36H)
MOV   37H,C    ;存放运算结果
```

（4）位控制转移指令。

① 判 CY 转移。

```
JC    rel     ;(CY)=1,则(PC)←(PC)+2+rel
              ;(CY)=0,则(PC)←(PC)+2
JNC   rel     ;(CY)=0,则(PC)←(PC)+2+rel
              ;(CY)=1,则(PC)←(PC)+2
```

② 判 bit 转移。

```
JB    bit,rel ;(bit)=1,则(PC)←(PC)+3+rel
              ;(bit)=0,则(PC)←(PC)+3
JNB   bit,rel ;(bit)=0,则(PC)←(PC)+3+rel
              ;(bit)=1,则(PC)←(PC)+3
JBC   bit,rel ;(bit)=1,则(PC)←(PC)+3+rel,并使(bit)←0
              ;(bit)=0,则(PC)←(PC)+3
```

【例 8-26】 测试 P3.5 位，若该位为 1，则转移到标号 NEXT 处执行程序，同时将该位清 0。

```
      JBC  P3.5,NEXT
      …
NEXT：…
```

位操作指令汇总如表 8-6 所示。

表 8-6　位操作指令

编号	指令分类	指　令	机器码	机器周期数
1	位传送	MOV bit,C	92H	2
			bit	
2		MOV C,bit	A2H	1
			bit	
3	位复位/置位	CLR C	C3H	1
4		CLR bit	C2H	1
			bit	
5		SETB C	D3H	1
6		SETB bit	C2H	1
			bit	

续表

编号	指令分类	指　令	机器码	机器周期数
7	位逻辑运算	ANL C，bit	82H	2
			bit	
8		ANL C，/bit	B0H	2
			/bit	
9		ORL C，bit	72H	2
			bit	
10		ORL C，/bit	A0h	2
			/bit	
11		CPL C	B3H	1
12		CPL bit	B2H	1
			bit	
13	位控制转移	JC rel	40H	2
			rel	
14		JNC rel	50H	2
			rel	
15		JB bit，rel	20H	2
			bit	
			rel	
16		JBC bit，rel	10H	2
			bit	
			rel	
17		JNB bit，rel	30H	2
			bit	
			rel	

思考与练习题

1. 80C51 的指令系统按功能可分为哪几类，每类各有多少条指令？

2. 简述 80C51 的寻址方式及其对应的寻址空间？

3. 访问 SFR、片内 RAM、片外 RAM 分别可采用哪些寻址方式？

4. 写出 MOVC 指令的两种形式，并简述其各自的特点？

5. 已知 80C51 的片内 RAM 中（R0）＝50H，（50H）＝30H，（30H）＝03H，（31H）＝08H，（A）＝55H。试分析执行下列程序段后，上述各单元的内容。

MOV 31H，A
MOV A，@R0
MOV R0，A
MOV 50H，@R0
MOV A，30H
MOV 31H，30H
MOV 30H，♯22H

6. 试编写程序，完成下述操作。

（1）将 R5 的内容送到 R0；

（2）将片内 RAM 单元 30H 的内容送到寄存器 R0；

（3）将片内 RAM 单元 30H 的内容送到片外 RAM 单元 2000H 单元；

（4）将片外 I/O 接口地址为 2000H 的内容送到片内寄存器 R7；

（5）将片外 RAM 单元 2000H 的内容送到片外 RAM 单元 3000H；

（6）将立即数 23H 送到片外 RAM 单元 2000H 中。

7. 试编写程序，实现下述操作。

（1）使 P1 口高 4 位输出 0，而低 4 位保持不变；

（2）使 P2 口低 4 位输出 1，而高 4 位保持不变；

（3）使 P2.7 位置为 1；

（4）累加器 ACC 低 4 位清 0；

（5）CY 取反；

（6）判断位地址为 20H 的单元值是否为 1，若为 1 转移到标号 NEXT 处执行程序，并将该单元的值清 0。

8. 已知 PC＝1000H，试用两种方法将 ROM 地址为 1080H 单元中的常数送到累加器 ACC。

9. 已知累加器 ACC 中存放了两位 BCD 码，试编写程序实现十进制数加 1。

第 9 章　80C51 程序设计

本章将在第 8 章 80C51 指令系统的基础上，进一步详细介绍 80C51 汇编语言的程序设计。

9.1　80C51 汇编语言语句格式

80C51 汇编语言语句的格式与微机汇编的格式一致，如下：

［标号：］操作码［操作数，］［操作数 2，］［操作数 3］［；注释］

其中加中括号的为可选项，操作码则是指令中必不可少的。标号与操作码之间通过"："分隔，操作码与操作数之间用空格分隔，各操作数之间用"，"分隔，注释之前要加上"；"。

1. 标号

标号放在语句的开头位置，是该语句的符号地址。80C51 汇编语言程序对标号的规定如下：

(1) 标号后要加"："；

(2) 可由 1～31 个字符构成，首字符不能为数字，其后可跟字母、数字、"?"和"－"等字符；

(3) 不能使用保留字作为标号，80C51 中的保留字包括操作码、伪指令、寄存器名称和运算符等。

2. 操作码

操作码即指令的助记符，是 80C51 汇编语句中必不可少的部分，它规定了该语句要执行的操作。

3. 操作数

操作数给出了指令要使用的数据或这些数据所在存储单元的地址。80C51 汇编语句中有的可能没有操作数，有的可能有 1～3 个操作数。

操作数可以为常数、工作寄存器、SFR 的符号形式、标号、"＄"和带运算符的表达式等。

常数数值的操作数常用二进制、十进制或十六进制表示，可在数字后加上相应的符号，如 30D、00101010B、3050H 等。使用十进制时，也可以省略符号"D"。使用十六进制时，若开头字母为 A～F，则编译器应在其前加一个"0"作为引导，代表其为数字，而非标号或变量等，如 0A8H。

4. 注释

注释是对语句或程序模块的说明，帮助人们阅读和理解程序，不影响程序的编译结果。80C51 的注释以"；"开头，且是行有效的，即分号后到本行末尾为本行的注释。如果需要注释多行内容，需要在每行的注释前加上分号。

9.2　伪　指　令

伪指令用于指示汇编程序如何对源程序进行汇编。汇编过程中，伪指令不生成目标代码。以下介绍一些较常用的伪指令。

1. ORG(汇编起始指令)

ORG 的主要功能是规定其后目标程序的起始地址。

格式为：

　　ORG　16 位地址

例如：

　　　ORG　　2000H
START：MOV　　A，#20H
　　　……

标号 START 代表的地址为 2000H，该段程序从地址单元 2000H 开始存放。

同一程序中可以多次使用 ORG，以确定不同程序段的起始位置。但需要注意的是，在设置时，应保证不同程序段的位置不重叠。80C51 单片机的程序若不以 ORG 开始，则该程序段从地址单元 0000H 开始存放。

2. END(汇编结束指令)

END 指令指示汇编语言源程序的结束。

格式为：

　　　标号：END

END 之后出现的指令都不会被汇编程序编译。源程序中应只有一条 END 指令，即便源程序包含多个子程序，也是如此。

3. DB(定义字节指令)

DB 用于从指定地址开始定义字节数据。

格式为：

[标号：]DB 字节数据表

字节数据表可由一个或多个字节数据、字符串或表达式等组成。例如：

　　DB　30H，2 ∗ 3，'A'，−2

即将数据 30H、06H(表达式运算的结果)、41H(A 的 ASCII 码)和 FEH(−2 的补码)等的二进制形式按定义的先后顺序放入连续 ROM 单元中。

4. DW(定义字指令)

DW 用于从指定地址开始定义字数据。

格式为：

［标号：］DW　字数据表

DW 与 DB 的不同之处在于其定义的是字(2 个字节)，所定义的 2 个字节在存入 ROM 时与 8088/8086 不同，是按照低地址单元存放高字节，高地址单元存放低字节，即所谓的大端模式(Big-endian)存储。例如：

```
          ORG     2000H
TAB1：DW       1234H，56H
```

汇编后，(2000H)＝12H，(2001)＝34H，(2002H)＝00H，(2003H)＝56H

5. EQU(赋值指令)

EQU 的作用是为数据或特定的汇编符号定义符号名称。

格式为：

　　符号名　EQU　数据或汇编符号

符号名需先赋值，后使用，符号名后不加冒号，且符号名定义后，不能重新定义和改变。例如：

　　LED　EQU　P1

这里将 LED 赋值为 P1，则在程序中即可用 LED 代替 P1。

6. BIT(位地址符号指令)

BIT 的作用是为位地址定义符号名称。

格式为：

　　符号名　BIT　位地址

和 EQU 一样，符号名定义后，不能重新定义和改变。例如：

　　KEY　BIT　P1.3

把 P1.3 的位地址赋予了符号名 KEY。

9.3　80C51 汇编语言程序设计步骤

80C51 程序设计的一般步骤如图 9－1 所示。

80C51 的程序需要借助通用微机来开发。首先通过文本编辑软件编写源程序，编好的程序保存的扩展名为.ASM(汇编源文件)或.C(C 源文件)；然后对源文件进行汇编，生成目标文件(.OBJ 文件)；目标文件经过连接可生成绝对地址的目标程序(无扩展名)，经调试通过后，可转换为可烧写文件(.HEX 文件)，该文件可直接下载到目标芯片中运行。以下采用汇编语言，对设计步骤进行叙述。

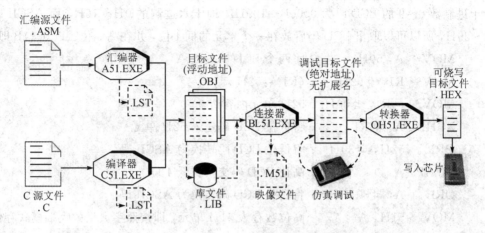

图 9 - 1 80C51 程序设计步骤

1. 源程序编辑

在设计 80C51 程序时，首先要根据目标系统的要求，设计汇编语言源程序。程序编写应遵循汇编语言的基本规则，采用汇编语言指令和伪指令语句。可以通过常用的文本编辑软件进行编辑，设计好后应保存扩展名为 .ASM。

2. 源程序汇编

源程序中的指令助记符、数字和符号等，计算机不能直接识别和执行，需要将其转换为二进制的机器语言程序。这就需要通过汇编程序完成，相应的集成开发环境(如 μVision)下的汇编器为 A51.EXE。通过汇编后，可以生成浮动地址目标文件(.OBJ)或库文件(.LIB)，同时还会生成列表文件(.LST)。列表文件包含了汇编后的程序清单。

3. 目标文件的连接

浮动地址目标文件或库文件通过连接器 BL51.EXE 连接，可以生成绝对地址目标文件，该文件无扩展名，可以装入仿真器进行调试。调试好的程序可以通过 OH51.EXE 转换成可烧写的目标文件(.HEX)。HEX 文件是一个可执行文件，可通过程序写入器下载到 80C51 的 ROM 中。

9.4 80C51 汇编语言程序结构

80C51 汇编语言程序有 3 种基本结构形式，即顺序程序结构、分支程序结构和循环程序结构。

1. 顺序程序结构

顺序程序结构是按指令在 ROM 中存放的顺序，从第一条指令开始，依次执行，直到最后一条。

【例 9 - 1】 将存放在 RAM 的 50H 单元的两个 BCD 十进制数拆开并转换成相应的 ASCII 码，分别存入两个 RAM 单元中。

十进制数 0～9 的 BCD 码为 0000B～1001B，即十六进制的 0H～16H，而 ASCII 码为 30H～39H，所以可以取出 BCD 码后放在一个单元的低 4 位，并在高 4 位赋以 0011B 即可。

```
MOV   A,50H       ;将两个 BCD 码放入 A
MOV   R1,♯52H     ;(R1)←52H
MOV   @R1,♯00H    ;52H 单元内容清 0
XCHD  A,@R1       ;将低位 BCD 码送入 52H 单元
ORL   52H,♯30H    ;将低位 BCD 码转换为 ASCII 码
SWAP  A           ;高位 BCD 码交换到低 4 位
ORL   A,♯30H      ;将高位 BCD 码转换为 ASCII 码
MOV   51H,A       ;高位数存入 51H 单元，即按照字数据的大端模式存储
```

2. 分支程序结构

分支程序结构通过条件判断可以改变程序的执行顺序。分支程序可以分为单分支、双分支和多分支。

【例 9-2】 已知片内 RAM 的 20H、21H 中存放了两个无符号二进制数，要求找出其中的大数并存入 22H 单元中。

```
        MOV   R0,♯20H    ;设置数据指针,指向 20H 单元
        MOV   A,@R0      ;取 20H 单元的数
        MOV   R2,A       ;将 20H 单元的数暂存于 R2
        INC   R0         ;数据指针加 1
        MOV   A,@R0      ;取 21H 单元的数
        CLR   C          ;进位标志清 0
        SUBB  A,R2       ;两数比较大小
        JC    NEXT0      ;若 20H 单元的数较大,则转向 NEXT0
        MOV   A,@R0      ;若 21H 单元的数较大,则将其送入 A
        SJMP  NEXT1
NEXT0:  XCH   A,R2       ;将 20H 单元的数送入 A
NEXT1:  INC   R0         ;R0 指向 22H 单元
        MOV   @R0,A      ;将大数存入 22H 单元中
```

【例 9-3】 根据 R5 的值(00～1FH),转移到 32 个不同分支入口执行程序。

```
        MOV   A,R5       ;分支序号送 A
        RL    A          ;分支序号乘 2
        MOV   DPTR,♯TABLE ;表格首地址送 DPTR
        JMP   @A+DPTR
TABLE:  AJMP  PP0        ;转向分支程序 0
        AJMP  PP1        ;转向分支程序 1
        ...
```

```
            AJMP      PP31                  ;转向分支程序 31
PP0：   …                                   ;分支程序 0
PP1：   …                                   ;分支程序 1
…
PP31：  …                                   ;分支程序 31
```

3. 循环程序结构

循环程序结构可使某个程序段重复执行。循环程序结构分为先判断后执行和先执行后判断两种基本结构。

【例 9 - 4】 把内部 RAM 以 BUFFER 开始的区域存有一个字符串,其最后一个字符为 "$"(ASCII 码为 24H),统计该字符串的字符数,并将结果存入 NUM 单元。

```
            CLR       A                     ;用 A 来计数,先清 0
            MOV       R1,#BUFFER            ;将首地址送 R1
LOOP0：  CJNE      @R1,24H,LOOP1         ;与"$"比较,不等转移
            SJMP      LOOP2                 ;遇到"$",结束循环
LOOP1：  INC       A                     ;计数加 1
            INC       R0                    ;修改地址指针
            SJMP      LOOP0
LOOP2：  INC       A                     ;字符总个数计入 $ 字符
            MOV       NUM,A                 ;存入结果
```

例 9 - 4 属于先判断后执行,即先判断是否满足条件,如果满足,则进入循环。先执行后判断,即先执行循环处理程序,然后判断是否结束循环,如例 9 - 5 所示。

【例 9 - 5】 编写程序,将内部 RAM 的 50H 至 5FH 单元初始化为 00H。

```
            MOV       R0,#50H
            MOV       A,#00H
            MOV       R3,#16
LOOP：   MOV       @R0,A
            INC       R0
            DJNZ      R3,LOOP
```

4. 子程序

在程序设计中,往往将完成特定功能的程序段独立出来,设计为通用的子程序,以供随时调用。

子程序的设计在结构上仍然采用上述 3 种结构。子程序需要使用专用的调用与返回指令,调用可以使用 ACALL、LCALL 指令,返回使用 RET 指令。

主程序执行 ACALL 或 LCALL 调用子程序时,首先将断点(调用指令的下一条指令)的地址送入堆栈保存,然后转移到子程序入口执行子程序,当子程序执行到 RET 指令时,自动将断点地址从堆栈中弹出到 PC,返回主程序断点处继续执行。

1) 现场保护和恢复

80C51 的子程序执行时，需要用到一些常用寄存器等，在主程序调用子程序前，应先予以保护，称为现场保护。执行完子程序后，返回主程序前，又需要对其内容进行恢复，称为现场恢复。

现场保护与恢复有两种方法：一是在主程序中实现；二是在子程序中实现。

2) 主程序和子程序之间的参数传递

主程序调用子程序时，需要把子程序需要的运算或操作的参数（入口参数）通过某种方式传递给子程序；子程序返回之前，也应把执行结果（出口参数）送回到主程序。主程序和子程序之间的参数传递具体方法有 4 种：

(1) 通过累加器或工作寄存器传递参数。

在调用之前，将需要传递到子程序的数据先送入累加器或工作寄存器。子程序执行时，可以直接使用累加器或工作寄存器中的数据；子程序返回时，也可以通过累加器或工作寄存器返回执行结果。

(2) 利用存储器传递参数。

当要传送的数据较多时，可以利用存储器传递参数和返回结果。具体方法是通过指针指示存储器中参数表的位置，当参数表在片内 RAM 时，可用 R0 或 R1 作为指针；当参数表在片外 RAM 或 ROM 中时，可用 DPTR 作指针。

(3) 通过堆栈传递数据。

主程序可将参数压入堆栈，子程序通过访问堆栈获得参数，子程序返回前，可将结果压入堆栈，返回后，主程序可从堆栈中获得返回结果。需要注意的是，参数传递和返回的过程不能影响送入堆栈的断点地址，保证在返回前，堆栈指针应指向断点地址。

(4) 使用位地址传送参数。

80C51 中位单元也可用作参数传递和返回。

【例 9-6】 编写子程序，将片内 RAM 中两个 8 字节无符号整数相加，数据采用大端模式存储，计算前寄存器 R0 和 R1 分别指向加数和被加数的最低字节，计算后要求 R0 指向和的高字节。

子程序入口：(R0)＝加数低字节地址；
　　　　　　　(R1)＝被加数低字节地址。

子程序出口：(R0)＝和的高字节起始地址。

子程序如下：

```
MADD: MOV    R5，#8      ;字节数送计数器
      CLR    C
LOOP: MOV    A，@R0      ;取加数低字节
      ADDC   A，@R1      ;被加数低字节与加数低字节相加
      MOV    @R0，A      ;保存和到R0指向的单元
      DEC    R0         ;指针加1，指向加数下一个字节
      DEC    R1         ;指针加1，指向被加数下一个字节
```

```
DJNZ      R5, LOOP
INC       R0                ;抵消最后一次循环中的 R0 减 1,使 R0 指向和的高
                            字节
```

由于例 9-6 参与运算的字节数据比较多,采用通过存储器传递参数和返回结果。

【例 9-7】 编写子程序,将片内 RAM 中 60H 单元中的十六进制数转换为两位 ASCII 码,存放在 R1 指向的两个单元中。数据采用大端模式存储。

本例可采用堆栈来传递数据,在调用子程序前,先将待转换数据压入堆栈,然后调用子程序,在子程序中将转换结果存放在待转换数据所在的位置,则子程序返回弹出断点后,转换结果就处于当前的栈顶了。

子程序入口:待转换数据(低半字节)存于栈顶。

子程序出口:转换结果(ASCII 码)在栈顶。

子程序如下:

```
TOASC:    MOV       R0, SP      ;借用 R0 作为堆栈指针
          DEC       R0
          DEC       R0          ;跳过栈顶的断点地址,R0 指向待转换数据
          XCH       A, @R0      ;被转换数据交换到 A 中
          ANL       A, #0FH     ;取 60H 单元中的低位十六进制数
          ADD       A, #2       ;偏移调整,2 为下一条 MOVC 指令与 ASCII_
                                TAB 表间的字节数
          MOVC      A, @A+PC
          XCH       A, @R0      ;指令字长为 1 字节,结果存于堆栈中
          RET                   ;指令字长为 1 字节
ASCII_TAB:DB  30H, 31H, 32H, 33H, 34H, 35H, 36H, 37H
          DB  38H, 39H, 41H, 42H, 43H, 44H, 45H, 46H
```

对于上述子程序,可用以下主程序进行验证:

```
MAIN:MOV    A, 60H
     SWAP   A
     PUSH   ACC           ;待转换数据入栈,转换 60H 的高半字节
     ACALL  TOASC
     POP    ACC           ;弹出栈顶的转换结果到 A
     MOV    @R1, A        ;存放结果的高字节
     PUSH   60H           ;待转换数据入栈,转换 60H 的低半字节
     ACALL  TOASC
     POP    ACC           ;弹出栈顶的转换结果到 A
     INC    R1
     MOV    @R1, A        ;存放结果的低字节
     SJMP   $
```

9.5　80C51 汇编语言程序设计举例

本节中将列举一些 80C51 汇编语言程序设计常见的例子。

1. 算术运算程序

【例 9 - 8】　编写程序,将片内 RAM 地址 30H 开始的连续 N 个单字节数相加,并将计算结果存放在 R5 和 R6 中,其中 R5 存放高字节数。

```
NADD: MOV    R0,♯30H     ;设置数据指针
      MOV    R7,♯N       ;待计算的字节数
      MOV    R5,♯00H
      MOV    R6,♯00H
LOOP: MOV    A,@R0       ;取一个加数
      ADD    A,R6
      MOV    R6,A        ;和的低字节送 R6
      JNC    LOOP1
      INC    R5          ;有进位,则和的高字节加 1
LOOP1:INC    R0          ;指向下一个单元
      DJNZ   R7,LOOP
      RET
```

【例 9 - 9】　片内 RAM 中有两个无符号 N 字节数,数据采用大端模式存储。编写程序,完成两数相减的运算。运算前 R1 指向被减数的低字节,R0 指向减数的低字节,运算后的差存放在被减数单元中。

```
NSUBB: MOV    R7,♯N       ;待运算数据包含的字节数
       CLR    C
LOOP:  MOV    A,@R1       ;从低字节开始逐个取出被减数字节
       SUBB   A,@R0       ;两字节相减
       MOV    @R1,A       ;存放两字节的差
       INC    R0
       INC    R1
       DJNZ   R7,LOOP
       JC     ERR         ;若最高字节有借位,则转溢出处理
       RET
```

2. 代码转换程序

【例 9 - 10】　编写子程序将累加器中的 8 位二进制数转换为 BCD 码。

```
TOBCD: MOV    B,♯100
       DIV    AB          ;计算后 A 中为百位数,B 中存放余数
```

```
          MOV      @R1，A      ；百位数存入 RAM
          INC      R1
          MOV      A，#10
          XCH      A，B
          DIV      AB              ；计算后 A 中为十位数，B 中为个位数
SWAP      A
          ADD A，B                 ；十位和个位组合到 A 中
          MOV      @R1，A
          RET
```

【例 9 - 11】　编写子程序将 ASCII 码转换为二进制数。R0 指向 ACSII 码值存储单元的首地址，转换结果存储在 R1 为首地址的连续单元中，R3 中为待转换的 ASCII 码个数。

```
TOBIN：  MOV      A，@R0          ；待转换的 ASCII 码送入 A
         CLR      C
         SUBB     A，#30H          ；减去 30H
         CJNE     A，#0AH，NEXT
NEXT：   JC       NEXT1            ；小于 0AH 为 00H～09H 数字转 NEXT1
         SUBB     A，#07H          ；大于 0AH 为字符 A～F，需再减去 7H
NEXT1：  MOV      @R1，A           ；存转换后的结果
         INC      R0
         INC      R1
         DJNZ     R3，TOBIN        ；判断是否转换结束
         RET
```

【例 9 - 12】　编写子程序实现二进制数转换为 ASCII 码。R0 指向二进制数所在存储单元的首地址，转换结果存储在 R1 为首地址的连续单元中，R3 中为待转换的二进制个数。

```
TOASC：  MOV      A，@R0          ；待转换的二进制数送入 A
         CLR      C
         CJNE     A，#0AH，NEXT
NEXT：   JC       NEXT1            ；小于 0AH 为 00H～09H 数字转 NEXT1
         ADD      A，#37H          ；大于 0AH 为字符 A～F，加上 37H
         SJMP     NEXT2
NEXT1：  ADD      A，#30H          ；数字 0～9，加上 30H
NEXT2：  MOV      @R1，A           ；存转换后的结果
         INC      R0
         INC      R1
         DJNZ     R3，TOASC        ；判断是否转换结束
         RET
```

3. 查表程序

【例 9 - 13】 某 4×4 键盘，键扫描后键号放在累加器 A 中，键号 0、1、…、F 对应的键处理程序分别为 KEY0、KEY1、…、KEY15，要求编写程序，实现根据键值码转向对应键处理程序的子程序。

```
KEY4X4: MOV    DPTR, ♯TAB      ;DPTR 指向表格首地址
        RL     A               ;键号乘以 2
        MOV    R3, A           ;暂存 A
        MOVC   A, @A+DPTR      ;取地址高字节，暂存于 R3
        XCH    A, R3
        INC    A
        MOVC   A, @A+DPTR      ;取地址低字节
        MOV    DPL, A          ;键处理程序入口地址低 8 位送 DPL
        MOV    DPH, R3         ;键处理程序入口地址高 8 位送 DPH
        CLR    A
        JMP    @A+DPTR         ;转移到键处理程序执行
TAB:    DW     KEY0
        DW     KEY1
        …
        DW     KEY15
KEY0:   …
KEY1:   …
        …
KEY15:  …
```

4. 定时程序

【例 9 - 14】 编写一个 1 ms 延时子程序。

```
D1ms:   MOV R7, ♯249           ;1 个机器周期
LOOP:   NOP                    ;1 个机器周期
        NOP
        DJNZ R7, LOOP          ;2 个机器周期
        RET                    ;2 个机器周期
```

如果晶振频率为 12 MHz，则 1 个机器周期为 1 μs，循环部分共执行了 4 个机器周期，循环内共 $[(1+1+2) \times 249] \times 1 \ \mu s = 996 \ \mu s$，加上循环外的 3 个机器周期，程序的定时时间为 999 μs，约为 1 ms。

【例 9 - 15】 编写一个 10 ms 延时子程序。

```
D10ms:  MOV R3, ♯10            ;1 个机器周期
D1ms:   MOV R5, ♯249           ;1 个机器周期
```

```
LOOP:   NOP                      ;1个机器周期
        NOP
        DJNZ R5, LOOP            ;2个机器周期
        DJNZ R3, D1ms            ;2个机器周期
        RET                      ;2个机器周期
```

如果晶振频率为 12 MHz，则 1 个机器周期为 1 μs，两重循环共$[(1+996+2)\times 10]\times 1\ \mu s=$ 9990 μs，加上循环外的 3 个机器周期，程序的定时时间为 9993 μs。如果再考虑调用指令 (ACALL 或 LCALL)2 个机器周期，共为 9995 μs，即 9.995 ms，约为 10 ms。

【例 9-16】 编写一个可调整定时时间的子程序。

```
DELAY:  MOV     R5, #TIME
LOOP:   ADD     A, R2            ;1个机器周期
        NOP                      ;1个机器周期
        NOP
        DJNZ    R5, LOOP         ;2个机器周期
        RET
```

如果晶振频率为 6 MHz，则 1 个机器周期为 2 μs，循环部分共执行了 5 个机器周期，即 10 μs，所以程序的定时时间约为 $10\times TIME(\mu s)$。

【例 9-17】 设计一个从基本延时产生不同定时的程序。

假设已有延时 1 s 的程序 DELAY1 s，则程序设计如下：

```
        ;5 s 延时
        MOV     R0, #05H
LOOP0:  LCALL   DELAY1s
        DJNZ    R0, LOOP0


        ;10 s 延时
        MOV     R0, #0AH
LOOP1:  LCALL   DELAY1s
        DJNZ    R0, LOOP1


        ;30 s 延时
        MOV     R0, #1EH
LOOP2:  LCALL   DELAY1s
        DJNZ    R0, LOOP2
```

5. 软件看门狗程序

看门狗(Watchdog)可以帮助 80C51 单片机从软硬件故障中恢复。当单片机进入错误状态后，可使其在指定时间内溢出，产生高级中断，从而跳出死循环，系统复位。如果单片机

不具有硬件看门狗模块,可用软件看门狗程序代替。

软件看门狗的基本原理是:使用一个定时器作为看门狗,先将其溢出中断设置为高级中断,而其他中断都设为低级中断。看门狗启动后,需要每隔一段时间喂一次狗,即重装计数初值,程序工作正常时,此过程相安无事。而当程序出错,不能在规定时间内喂狗时,则定时时间一到即产生溢出中断,转向出错处理程序,并通过软件方法使系统复位。虽然这种方法不如硬件看门狗可靠,但没有硬件看门狗的前提下,也未尝不是一种补偿方案。

【例 9-18】 设计一个看门狗程序,程序包括主程序、喂狗程序和出错处理程序。

```
            ORG     0000H
            AJMP    MAIN
            ORG     001BH          ;用定时器 T1 来做看门狗
            LJMP    TOP
MAIN:       MOV     SP,#50H        ;主程序开始完成复位过程
            MOV     PSW,#00H
            MOV     SCON,#00H
            ...
            MOV     IE,#00H
            MOV     IP,#00H
            MOV     TMOD,#10H      ;设置定时器 T1 工作在方式 1
            SETB    ET1            ;允许 T1 中断
            SETB    PT1            ;设置 T1 为高级中断
            LCALL   DOG            ;调用 DOG 程序,其调用间隔时间应小于定时
                                    器 T1 的定时时间
            ...
DOG:        MOV     TH1,#0B1H      ;定时时间间隔为 20 ms(晶振频率为 12 MHz)
            MOV     TL1,#0E0H
            SETB    TR1
            RET
TOP:        POP     ACC            ;空弹断点地址
            POP     ACC
            CLR     A
            PUSH    ACC            ;将返回地址换成 0000H,实现软件复位
            PUSH    ACC
            RETI
```

思考与练习题

1. 简述 80C51 汇编程序设计的步骤。

2. 80C51 汇编子程序参数传递有哪几种方法，并简述其特点。

3. 试编写程序实现减法 7D53H - 3080H，结果存入片内 RAM 的 30H 和 31H 单元，其中，31H 存结果的低 8 位，30H 存结果的高 8 位。

4. 编写程序，实现将片内 RAM 单元 30H 开始的 20 个数据送到片外 RAM 地址 2000H 开始的连续单元中。

5. 利用查表法，实现将十六进制数转换成 ASCII 码的程序。

6. 在片内 RAM 的 30H～33H 单元中，存有 4 个字节的压缩 BCD 码（即有 8 个 BCD 码），试编写程序，将其依次转换为 ASCII 码，并存入 34H 开始的连续单元中。

7. 若 80C51 的晶振频率为 6 MHz，试计算下列程序段的延时时间。

```
        MOV     R6，#30H
DL：     MOV     R5，#0F3H
        DJNZ    R5，$
        NOP
        NOP
        DJNZ    R6，DL
        RET
```

8. 设 80C51 的频率为 12 MHz，试编写延时时间为 1 s 和 1 min 的子程序。

第 10 章　80C51 的并行 I/O 接口

80C51 有 4 个 8 位的并行双向 I/O 接口(I/O 口)P0、P1、P2 和 P3。各接口结构相似，且各具特点。各接口可按字节寻址，也可按位寻址。

10.1　80C51 并行 I/O 口的结构和工作原理

10.1.1　P0 口

P0 口可用作通用的 I/O 口，也可在扩展外部数据存储器和程序存储器时，用作低 8 位地址/数据总线。其地址为 80H，位地址为 80H～87H。

P0 口由 8 位结构相同的口线构成，口线的逻辑电路包括由 1 个 D 触发器构成的锁存器、2 个三态输入缓冲器、1 个多路转接开关 MUX、1 个反相器、1 个与门和由 2 个场效应管构成的输出驱动电路，如图 10-1 所示。

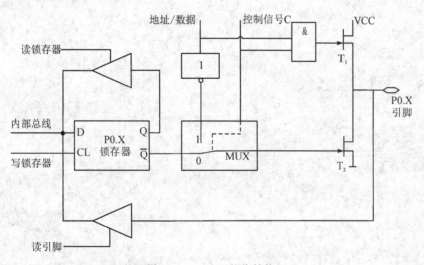

图 10-1　P0 口的位结构

图 10-1 中 MUX 开关的位置取决于控制信号 C 的状态。当 C=0 时，开关处于图中所示位置；当 C=1 时，开关拨向反相器输出端。

1. P0 口用作通用 I/O 口(C=0)

当 80C51 不需要扩展片外 RAM(内部 RAM 传送使用 MOV 类指令)和片外 ROM(此时 $\overline{EA}$=1)时，P0 可作为通用 I/O 口。此时，80C51 硬件自动使 C=0，MUX 开关拨到锁存器的 $\overline{Q}$ 端。与门输出的"0"使 T1 截止，输出驱动电路工作在漏极开路方式。

(1) 作 I/O 输出口时，CPU 执行输出指令，内部总线上的数据在"写锁存器"信号的控制下由 D 端进入锁存器，经 $\overline{Q}$ 端送至 T2，再经 T2 反相输出到 P0.X 引脚。若要输出"1"，必须外接上拉电阻。

（2）作 I/O 输入口时，分为读锁存器和读引脚两种情况，取决于输入操作的指令。

① 当 CPU 执行"读-修改-写"类输入指令时（如 ORL P0，A），"读锁存器"信号有效，从 Q 端经内部总线读入锁存器的状态，在与 A 进行逻辑运算之后，结果又送回 P0 口锁存器并经 $\overline{Q}$ 端出现在引脚上。

② 当 CPU 执行 MOV 类输入指令时，"读引脚"信号有效。需要注意的是，在执行该类指令前要先向锁存器写入"1"，以使 T2 截止，此时引脚才能作为高阻抗输入。例如：

MOV P0，0FFH

MOV A，P0

当系统复位时，P0＝FFH，相当于各口锁存器已写入 1，此时可直接读入引脚状态。所以，P0 口作为通用 I/O 口时，是准双向接口。

2. P0 口用作地址/数据总线

当 80C51 要扩展片外 RAM（MOVX 类指令）或片外 ROM（此时 $\overline{EA}$＝0）时，P0 用作地址/数据总线。此时，80C51 硬件自动使 C＝1，MUX 开关拨到反相器输出端，这时与门的输出由地址/数据线的状态决定。

（1）输出时，当地址/数据线输出为"1"时，T1 导通、T2 截止，引脚状态为"1"；当输出为"0"时，T1 截止、T2 导通，引脚状态为"0"。

（2）输入时，首先低 8 位地址信息出现在地址/数据总线上，P0.X 引脚的状态与地址/数据总线的地址信息相同。然后，MUX 开关自动拨向锁存器 $\overline{Q}$ 端，并向 P0.X 锁存器写入"1"，同时"读引脚"信号生效，数据经缓冲器进入内部总线。所以，P0 口作为地址/数据总线时是真正的双向接口。

10.1.2　P1 口

P1 口是 80C51 唯一的单功能接口，仅用作通用的 I/O 口。其地址为 90H，位地址为 90H～97H。

P1 口的位逻辑电路包括：由 1 个 D 触发器构成的锁存器、2 个三态输入缓冲器和输出驱动电路。输出驱动电路与 P0 口不同，内部有上拉电阻。P1 口的位结构如图 10-2 所示。

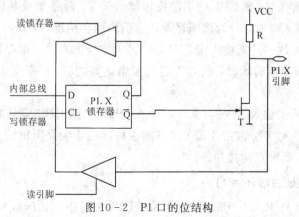

图 10-2　P1 口的位结构

P1 口是通用的准双向 I/O 口。因为 P1 口内部有上拉电阻，所以在输出"1"时，P1 口能向外提供上拉电流，因此 P1 口引脚上不必再外接上拉电阻。当用作输入口时，需先向口锁存器写入"1"。

10.1.3　P2 口

P2 口可用作通用的 I/O 口，也可在扩展外部数据存储器和程序存储器时，用作高 8 位地址总线。其地址为 A0H，位地址为 A0H～A7H。

P2 口位逻辑电路包括：由 1 个 D 触发器构成的锁存器、1 个多路转接开关 MUX、2 个三态输入缓冲器、1 个反相器和输出驱动电路。输出驱动电路与 P1 口相同，内部设有上拉电阻。P2 口的位结构如图 10-3 所示。

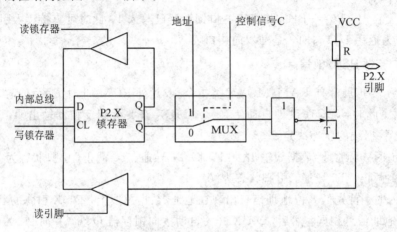

图 10-3　P2 口的位结构

图中 MUX 开关的位置取决于控制信号 C 的状态。当 C＝0 时，开关处于图中所示位置；当 C＝1 时，开关拨向地址线位置。

1. P2 口用作通用 I/O 口（C＝0）

当 80C51 不需要扩展片外 RAM、ROM，或虽扩展了片外 RAM，但采用 MOVX @Ri 类指令访问或只用到部分口线作为地址时，P2 口（所有位或部分位）可作为通用 I/O 口。

（1）作为 I/O 输出口时，CPU 执行输出指令，内部总线上的数据在"写锁存器"信号的控制下由 D 端进入锁存器，然后从 Q 端经反相器送至 T，再经 T 反相，输出到 P2.X 引脚。

（2）作为 I/O 输入口时，分为读锁存器和读引脚两种情况，取决于输入操作的指令。

① 当执行"读-修改-写"类输入指令时（如 ORL P2，A），"读锁存器"信号有效，从 Q 端经内部总线读入锁存器的状态，在与 A 进行逻辑运算之后，结果又送回 P2 口锁存器，并出现在引脚上。

② 当执行 MOV 类输入指令时（如 MOV A，P2），"读引脚"信号有效。应在执行该类指令前先向锁存器写入"1"，以使 T 截止，此时引脚才能作为高阻抗输入状态。所以，P2 口作为通用 I/O 口时，是准双向接口。

2. P2 口用作地址总线（C＝1）

当 80C51 扩展片外 RAM 且采用 MOVX @DPTR 类指令访问或扩展片外 ROM（此时

$\overline{EA}=0$)时，80C51 硬件自动使 C＝1，MUX 开关接向地址线，这时 P2. X 引脚的状态由地址线的状态决定。

10.1.4　P3 口

P3 口是双功能接口，除了能做通用 I/O 口外，每一根口线还具有第二功能。其地址为B0H，位地址为 B0H～B7H。P3 口的位逻辑电路包括：由 1 个 D 触发器构成的锁存器、3个输入缓冲器(其中 2 个为三态)、1 个与非门和输出驱动电路。输出驱动电路与 P1、P2 口相同，带有内部上拉电阻。P3 口的位结构如图 10 - 4 所示。

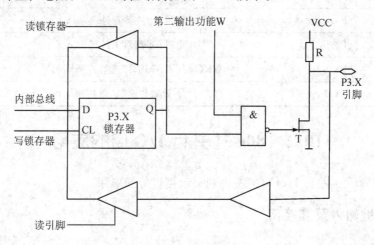

图 10 - 4　P3 口的位结构

1. P3 口用作通用 I/O 口(第一功能)

当对 P3 口进行字节或位寻址时(一般是把几条口线设为第二功能，另几条口线设为第一功能，此时采用位寻址方式)，80C51 内部硬件自动将第二功能输出线的 W 置为 1。这时，对应的接口线为通用 I/O 口方式。

作为 I/O 输出口时，锁存器的 Q 端与输出引脚的状态相同；作为 I/O 输入口时，也要先向锁存器写入"1"，使引脚处于高阻输入状态。输入数据在"读引脚"信号的控制下，进入内部总线。所以，P3 口作为通用 I/O 口时，也是准双向接口。

2. P3 口用作第二功能

当 CPU 不对 P3 口进行字节或位寻址时，80C51 内部硬件自动将锁存器状态置为"1"。这时，P3 口作为第二功能使用，各引脚的定义如表 10 - 1 所示。

P3 口相应口线处于第二功能，应满足以下条件：

(1) 串行 I/O 口处于运行状态(RXD、TXD)；

(2) 外中断已经打开(INT0、INT1)；

(3) 定时/计数器处于外部计数状态(T0、T1)；

(4) 执行读/写外部 RAM 的指令(RD、WR)。

作为第二输出功能的口线(如 WR)，硬件系统自动将该位的锁存器置 1，引脚的状态取决于第二功能输出线 W 的状态。

作为第二输入功能的口线(如 T0)，该位的锁存器和第二功能输出线置 1(开机复位时自动完成)，T 截止，该引脚处于高阻输入状态。引脚信号经第二功能输入线输入。

表 10 - 1　P3 口的第二功能定义

引脚	第 二 功 能
P3.0	RXD（串口输入）
P3.1	TXD（串口输出）
P3.2	INT0（外中断 0 输入）
P3.3	INT1（外中断 1 输入）
P3.4	T0（定时/计数器 0 外部输入）
P3.5	T1（定时/计数器 1 外部输入）
P3.6	WR（片外 RAM"写"选通控制输出）
P3.7	RD（片外 RAM"读"选通控制输出）

10.2　80C51 并行 I/O 口的应用

本节介绍 80C51 并行 I/O 口的按键和显示接口等的应用。

10.2.1　按键输入及其接口

1. 独立按键接口

按键是实现人机对话的必要输入设备。在 80C51 应用系统中，通常使用按键开关和拨动开关作为简单的输入设备。按键开关常用于控制某项工作的开始或结束，而拨动开关常用于工作状态的预置和设定，如图 10 - 5 所示。

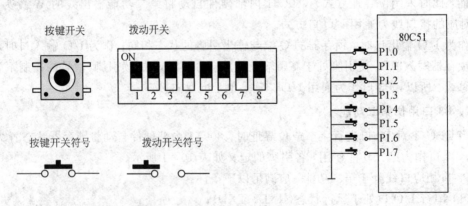

图 10 - 5　普通按键及其与单片机接口电路

开关可以直接连接到 P1、P2、P3 口，但接 P0 口时要在口线引脚和电源（VCC）之间加上拉电阻。

开关在闭合和断开时，触点会有抖动现象，抖动一般持续 5～10 ms，抖动会引起一次按键多次处理的问题，可以通过去抖电路来解决，如图 10 - 6 所示。

按键较多时，可采用软件延时去抖。具体方法是：当检测到有键按下时，先延时等待

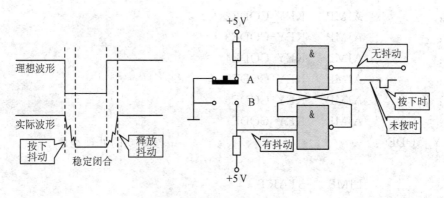

图 10 - 6　开关抖动和去抖电路

10 ms，然后再次检测按键状态，如果开关仍然是闭合状态，则可判断该键按下。

【例 10 - 1】　80C51 的 P1 口分别连接 8 个按键开关，当某个按键按下时，跳转执行相应程序，请编写实现该功能的程序段。

程序段如下：

```
TEMP        EQU     50H
            ORG     0000H
            JMP     START
            ORG     0100H
START:      MOV     SP, #5FH
            MOV     P1, #0FFH
NOKEY:      MOV     A, P1
            CPL     A
            JZ      NOKEY           ;无键按下，则等待
            MOV     TEMP, P1
            LCALL   DELAY10 ms      ;调用延时 10 ms 程序
            MOV     A, P1
            CJNE    A, TEMP, NOKEY  ;再次检测按键状态
            SJMP    PL0             ;确有键按下，转 PL0 执行
PL0:        JNB     ACC.0, K0       ;若按键 0 闭合，则转 K0(下同)
            JNB     ACC.1, K1
            JNB     ACC.2, K2
            JNB     ACC.3, K3
            JNB     ACC.4, K4
            JNB     ACC.5, K5
            JNB     ACC.6, K6
            JNB     ACC.7, K7
            JMP     START
K0:         AJMP    KEY_CODE0       ;各按键对应程序的入口
K1:         AJMP    KEY_CODE1
```

```
K2:          AJMP     KEY_CODE2
K3:          AJMP     KEY_CODE3
K4:          AJMP     KEY_CODE4
K5:          AJMP     KEY_CODE5
K6:          AJMP     KEY_CODE6
K7:          AJMP     KEY_CODE7
KEY_CODE0: …                              ；按键 0 的处理程序
             …
             LJMP     START
KEY_CODE1: …
             …
             LJMP     START
             …
KEY_CODE7: …
             …
             LJMP     START
DELAY10 ms: MOV      R3，#10      ；10 ms 延时子程序，设晶振频率是 12 MHz
DELAY1 ms:  MOV      R4，#249
DL:          NOP
             NOP
             DJNZ     R4，DL
             DJNZ     R3，DELAY1 ms
             RET
```

2. 矩阵式键盘接口

矩阵式键盘为行列式结构，按键设置在行、列的交点上。80C51 并行口有 8 位，可将 4 位作为行线，4 位作为列线，形成 4×4，共 16 个按键的键盘，如图 10-7 所示。

矩阵式键盘的行线通过电阻接+5 V，平时呈高电平，行线与列线交点不相通。当有键按下，该键对应的行线与列线相通，此时行线的状态取决于与之连接的列线的输出。矩阵式键盘的按键识别过程如下：

（1）判断是否有键按下。行线作输入口，列线作输出口。列线输出低电平，然后读入行线状态，若行线均为高电平，则无键按下；若行线状态不全为高电平，则可判断有键按下。

（2）按键去抖动。判断有键按下后，软件延时（10 ms）后再读行线状态。若仍有键处于按下状态，则确认有键按下；否则，当做按键抖动处理。

（3）判断按下哪个键。从列线 C0 开始，依次扫描列线。先让列线 C0 输出低电平，其余列线输出高电平，然后读行线状态，如行线状态不全为"1"，则说明所按键在该列，否则不在该列，并根据输入状态为"0"确定所在行。依次类推，直到确定所按键的行列位置。

（4）确定键号，执行相应程序。根据所确定的行列位置可以计算出按键键号：键号=行首号+列号。再根据键号转到相应程序执行。

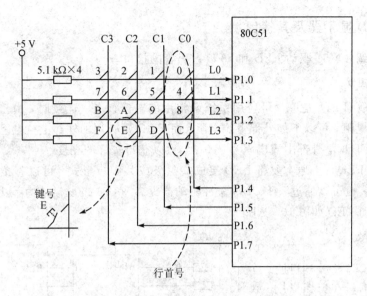

图 10-7 矩阵式键盘接口电路

　　上述扫描方法的效率不高。要提高效率,可以采用线反转法。线反转法依据键号与键值的对应关系,当有键按下,如键号为"D"的键,首先所有行线输出"0",读列线,结果为D0H;然后所有列线输出"0",读行线,结果为07H。把两个结果拼成 1 个字节,得到"D7H",这个值可以作为键"D"的键值。这样,每个键均有对应的键值,如图 10-8 所示。

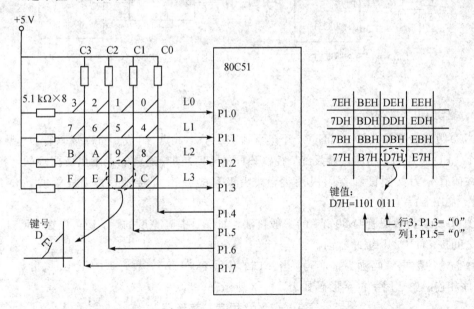

图 10-8 线反转法

　　使用线反转法时,可以建立一个键值与键号对应的有序(键号顺序)表。当有键按下时,首先通过软件延时去抖确定按键状态,然后使用线反转法得到键值,再查表得到其对应的键号,最后根据键号执行相应的程序。

10.2.2 LED 显示器及其接口

本小节介绍 80C51 驱动 LED 和 LED 数码管的接口。

1. 驱动 LED

发光二极管(LED)是单片机应用系统最常用的输出设备。连接时,由于 P1、P2 和 P3 口内部有上拉电阻,可以不加外部上拉电阻,而 P0 口则必须加外部上拉电阻。

接单个 LED 时,外部限流电阻为 270 Ω,可以获得较好的亮度。

驱动多个 LED 时,通常要将 LED 接成共阴极或共阳极形式。可以直接驱动,但这样亮度不够理想;也可以通过 74HC245 缓冲驱动器提高 80C51 的驱动能力,以获得较好的亮度。80C51 驱动 LED 如图 10-9 所示。

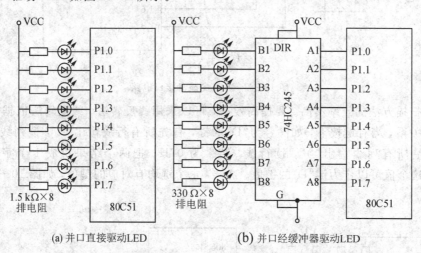

(a) 并口直接驱动LED   (b) 并口经缓冲器驱动LED

图 10-9 80C51 驱动 LED

2. 驱动 LED 数码管

LED 数码管通常由 8 个 LED(7 个笔画段＋1 个小数点)组成,简称数码管。当数码管的某个 LED 导通时,相应段就发光。控制不同的 LED 的导通就能显示出所要求的字符。

数码管分为共阴极和共阳极两种,共阴极管的 com 端接地,共阳极管的 com 端接 ＋5 V,如图 10-10 所示。

图 10-10 为数码管与 80C51 的一般接法。如果要提高亮度的话,还可以在 80C51 与数码管之间接 74HC245 缓冲驱动器。

数码管的数据编码称为字形码。当并口的位线 D0～D7 与数码管的 a、b、c、d、e、f、g、dp 顺序相连时,常用字符字形码如表 10-2 所示。

表 10-2 常用字符字形码

字符	0	1	2	3	4	5	6	7	8	9	A	h	C	d	E	F	P	•	暗
共阴极	3F	06	5B	4F	66	6D	7F	07	7F	6F	77	7C	39	5E	79	71	73	80	00
共阳极	C0	F9	A4	B0	99	92	82	F8	80	90	88	83	C6	A1	86	8E	8C	7F	FF

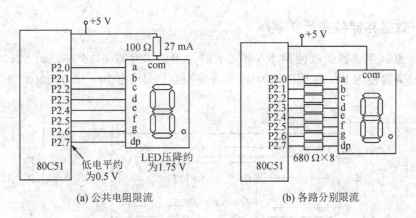

(a) 公共电阻限流　　　　　　　(b) 各路分别限流

图 10 - 10　80C51 驱动数码管

如果并口位线 D0～D7 与数码管 a～g、dp 逆序连接，则字形码应做相应调整。

10. 3　80C51 的存储器并行扩展

80C51 单片机的数据线和低 8 位地址线是分时复用的。并行扩展时，应将其外部连线设计为与 8088/8086 类似的三总线结构，即地址总线 AB、DB 和 CB。

（1）数据总线 8 位，由 P0 口提供；

（2）地址总线 16 位，可寻址范围 64 K。低 8 位由 P0 口提供，高 8 位 A15～A8 由 P2 口提供。由于 P0 口数据、地址分时复用，其输出的低 8 位地址需用地址锁存器锁存；

（3）控制总线由 P3 口第二功能引脚 ALE、$\overline{\text{RD}}$、$\overline{\text{WR}}$、$\overline{\text{EA}}$ 和 PSEN 等组成，用于地址锁存控制，读/写控制，片内、片外 ROM 选择和片外 ROM 选通等。

地址锁存器一般选用带三态缓冲输出的 8D 锁存器 74LS373，其与单片机的连接如图 10 - 11 所示。当其 G 端（使能端）为高电平时，输出端 Q 的状态与输入端 D 相同；而当 G 端信号由高变低时（下降沿），D 端的输入就被锁存在锁存器中，此时，Q 端输出取决于锁存的数据，不再随 D 端输入的变化而变化。

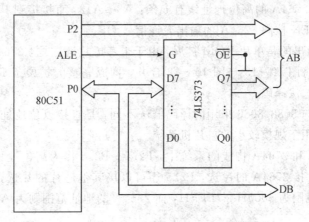

图 10 - 11　74LS373 与 80C51 的连接电路

10.3.1　数据存储器并行扩展

80C51 数据存储器扩展使用 RAM 芯片。常用的芯片有 6116、6264、62128 和 62256 等。扩展时需要使用 $\overline{\text{RD}}$ 和 $\overline{\text{WR}}$ 作为读/写选通控制信号。图 10-12 为 80C51 与 6264 连接的扩展电路。

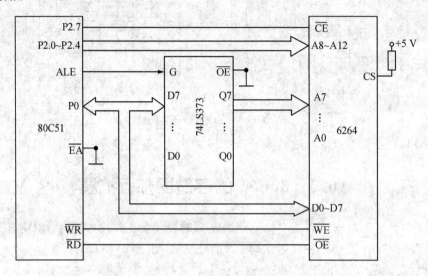

图 10-12　80C51 与 6264 连接的扩展电路

图 10-12 中，P2.7 接 6264 片选端 $\overline{\text{CE}}$，为低电平时选通该 6264 芯片，所以片外 RAM 的地址为 0000H～1FFFH。

10.3.2　程序存储器并行扩展

80C51 程序存储器扩展使用 ROM 芯片。常用的芯片有 2716、2764、27128、27256 和 27512 等。扩展时需要使用 $\overline{\text{EA}}$ 完成内外 ROM 的选择，使用 $\overline{\text{PSEN}}$ 完成对 ROM 的读选通控制。图 10-13 是 80C51 与 2764A 连接的扩展电路。

图 10-13 中，2764A 的高位地址线有 5 条：A8～A12，直接接到 P2 口的 P2.0～P2.4 即可，80C51 的 $\overline{\text{PSEN}}$ 控制 2764A 的输出允许信号 $\overline{\text{OE}}$。

图 10-13 中给出的是单片 ROM 扩展，由于未考虑片选问题，2764A 的片选端 $\overline{\text{CE}}$ 可直接接地。如果要将图 10-13 与图 10-12 合并，构成完整的扩展了 RAM 和 ROM 的系统，则可以采用线选法译码。

所谓线选法，与 8088/8086 采用的译码器法不同，是直接以位地址信号作为芯片的片选信号。线选法适用于规模较小的单片机系统。

在上述由 6264 和 2764A 构成的系统中，P2.7～P2.5 作为高位地址，可以用 P2.7 接 6264 的片选，P2.6 接 2764A 的片选，P2.5 还可以接其他芯片的片选，均是低电平有效。这样 6264 的地址范围为 6000H～7FFFH，而 2764A 的地址范围则为 A000H～BFFFH。

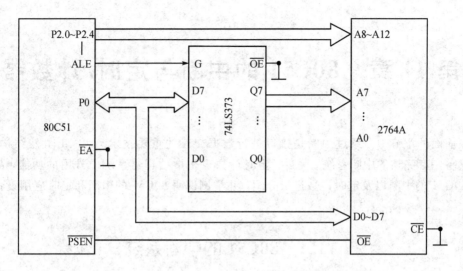

图 10-13　80C51 与 2764A 连接的扩展电路

思考与练习题

1. 简述 80C51 单片机的 P0、P1、P2 和 P3 口的特点。

2. 设计电路，使 P0 口接 8 个按键，P2 口接 LED 数码管，并编写程序，实现上电后，数码管显示 P，按键后对应显示键号 0～7。

3. 设计电路，在 80C51 片外扩展一片 6116RAM，并编写程序将片内 RAM 从 30H 单元开始的连续 16 个字节的数据发送到片外 RAM 从 100H 单元开始的连续单元中。

4. 设计电路，使用两片 2764 在 80C51 片外扩展 16 KB 的程序存储器。

第 11 章　80C51 的中断与定时/计数器

在前面的章节中介绍过中断是接口进行数据交互的重要技术。80C51 虽然结构简单，但是具备一套完整的中断系统。另外，定时计数也是微处理器系统中常用的功能，故本章将对 80C51 的中断以及定时计数进行介绍，并举例说明 80C51 的中断和定时应用设计开发方法。

11.1　80C51 的中断系统

80C51 单片机的结构虽然简单，但是作为微处理器，与外部设备交互信息的接口必不可少。80C51 有一套完善的中断系统，包括 5 个中断源和 2 个优先级，基本能满足简单的应用需求。

11.1.1　80C51 中断系统的结构

80C51 的中断系统由中断请求标志位、中断允许寄存器 IE、中断优先级寄存器 IP 及硬件查询电路组成，如图 11-1 所示。

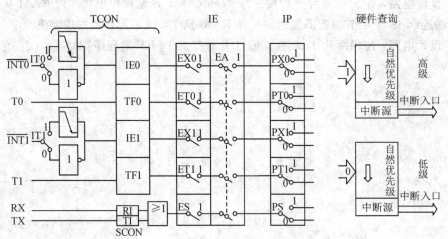

图 11-1　80C51 中断系统结构图

11.1.2　80C51 的中断源

80C51 的中断系统具有 5 个中断源，即 2 个外部中断、2 个定时/计数器中断和 1 个串行口(发送/接收)中断，如表 11-1 所示。

表 11 - 1　80C51 的中断服务程序入口地址及优先级

中断名称	中断服务程序入口地址	同级内的中断优先级
外部中断 0	0003H	
定时/计数器 T0 溢出中断	000BH	最高
外部中断 1	0013H	↓
定时/计数器 T1 溢出中断	001BH	最低
串行口中断	0023H	

11.1.3　中断控制

中断控制包括中断允许控制和中断优先级控制，由定时/计数器控制寄存器（TCON）、串行口控制寄存器（SCON）和中断允许控制寄存器（IE）等完成。

1. 中断标志

中断请求标志定义在定时/计数器控制寄存器 TCON 中，其地址为 88H，位地址为 88H～8FH，与中断有关的位如下：

位地址	8FH	8EH	8DH	8CH	8BH	8AH	89H	88H
位符号	TF1		TF0		IE1	IT1	IE0	IT0

IT0 和 IT1：外部中断触发方式控制位。外部中断请求分为电平触发和边沿触发两种方式。IT0（IT1）＝0 时，为电平触发，低电平有效；IT0（IT1）＝1 时，为边沿触发，下降沿有效。

IE0 和 IE1：外部中断请求标志位。当 $\overline{INT0}$（或 $\overline{INT1}$）引脚上有中断请求信号时，IE0（IE1）由硬件置 1。外部中断请求为电平触发方式，响应中断时，IE0（IE1）不自动清 0；外部中断请求为边沿触发方式，响应中断时，IE0（IE1）自动（硬件）清 0。

TF0 和 TF1：定时/计数器（T0 和 T1）计数溢出标识位。计数溢出时，标志位自动（硬件）置 1，并产生定时中断请求。CPU 响应中断时，标志位自动（硬件）清 0。

2. 串行口中断标志

串行口标志定义在串行口控制寄存器 SCON 中，其字节地址为 98H，位地址为 98H～9FH，其中有 2 位与中断系统有关，具体定义如下：

位地址	9FH	9EH	9DH	9CH	9BH	9AH	99H	98H
位符号							TI	RI

RI：串行接收终端请求标志位。在接收数据过程中，每接收完一帧，标志位自动（硬件）置 1；CPU 响应中断时，必须由软件清 0。

TI：串行发送中断请求标志位。在发送数据过程中，每发送完一帧，标志位自动（硬件）置 1。CPU 响应中断时，必须由软件清 0。

3. 中断允许控制

中断允许控制寄存器 IE 负责控制是否允许使用中断，其寄存器地址为 A8H，位地址为 A8H～AFH，具体定义如下：

位地址	AFH	AEH	ADH	ACH	ABH	AAH	A9H	A8H
位符号	EA	—	—	ES	ET1	EX1	ET0	EX0

EA：中断允许总控制位。

EX0 和 EX1：外部中断允许控制位。

ET0 和 ET1：定时器中断允许控制位。

ES：串行中断允许控制位。

当 EA＝0 时，关闭中断系统，禁止所有中断；当 EA＝1 时，开放中断系统，此时由各中断源对应位为 1 或 0 控制中断允许或禁止。

80C51 复位后，IE＝00H，此时中断系统处于禁止状态。80C51 在中断响应后硬件系统不自动关闭中断，需要通过软件方式关闭中断，即用指令将 EA 复位。

4. 中断优先级控制

中断优先级控制寄存器 IP 负责设定各中断的优先级，其寄存器地址为 B8H，位地址为 B8H～BFH，具体定义如下：

位地址	BFH	BEH	BDH	BCH	BBH	BAH	B9H	B8H
位符号	—	—	—	PS	PT1	PX1	PT0	PX0

PX0：外部中断 0 优先级设定位。

PT0：定时/计数器 0 优先级设定位。

PX1：外部中断 1 优先级设定位。

PT1：定时/计数器 1 优先级设定位。

PS：串行中断优先级设定位。

80C51 的中断分为高、低两个优先级，对应位设为 1，表示高优先级；对应位设为 0，表示低优先级。当同时收到多个同优先级的中断请求时，响应哪个中断源则取决于硬件的查询顺序（自然优先级），其优先顺序参见表 11－1。

80C51 的中断优先级应遵循以下原则：

（1）多个中断同时申请时，先响应优先级高的中断申请。如果是同级中断，则根据自然优先级顺序判断。

（2）中断服务过程中，不能被同级或低级中断所中断，但可以被高级中断请求中断（中断嵌套）。

80C51 中断系统内部设有高、低两个优先级状态触发器，当触发器置 1 时，表示正在服务对应优先级的中断，则所有同级和低级的中断请求将被屏蔽，RETI 指令可以复位优先级状态触发器。

11.1.4　80C51 的中断处理过程

80C51 的中断处理过程分为中断响应、中断服务和中断返回。

1. 中断响应

80C51 的中断系统会在每个机器周期的 S5P2 采样各中断源的请求信号，然后在下一个机器周期内按优先级顺序查询采样值。然后 80C51 执行 LCALL 指令，转向对应中断向量的地址单元，进入中断服务程序。

1）中断响应条件

CPU 响应中断必须同时满足三个条件：

（1）中断系统开放（EA＝1）。

（2）相应中断源中断允许。

（3）相应中断源有中断请求。

在特殊情况下，下述任何一种情况将使中断响应受阻：

（1）有高优先级或同级的中断正在服务。

（2）查询周期不是当前正执行指令的最后一个机器周期，即应保证指令的执行过程不被打断。

（3）正在执行 RETI 或访问 IE、IP 等寄存器的指令。这是为了防止因此导致的中断处理机制出错。要求在这类指令后面至少执行一条其他指令后，才能响应中断。

上述阻碍中断请求的条件消失后，如中断请求标志仍然有效，中断查询过程将在下一个机器周期继续进行。

2）中断响应时间

图 11－2 为中断响应时序示例。

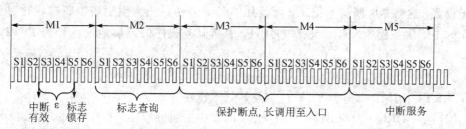

图 11－2　中断响应时序

由图 11－2 可见，中断响应至少要 3 个完整的机器周期，即图中 M2、M3 和 M4。如因上述特殊情况导致中断响应受阻，则要耗费更多机器周期。如果同级或高级中断正在服务，则等待时间取决于其中断程序，否则需要附加 3～5 个机器周期。例如：

（1）如果查询周期不是当前正执行指令的最后一个机器周期，则附加的机器周期不会超过 3 个，因为即使是 80C51 执行时间最长的 MUL 或 DIV 指令也仅 4 个机器周期。

（2）如果查询周期正执行 RETI 或访问 IE、IP 等寄存器的指令（该类指令不会超过 2 个机器周期），而之后是 MUL 或 DIV 指令，则额外等待时间不会超过 5 个指令。

3）中断响应过程

80C51 的中断响应过程步骤如下：

（1）查询要响应的优先级最高的中断请求。

（2）将相应优先级状态触发器置 1。

（3）执行硬件 LCALL 指令，该指令将断点 PC 值入栈，然后将相应中断服务程序入口地址（表 11－1）送至 PC。

2. 中断服务

80C51 CPU 在响应中断结束后即转至中断服务程序入口地址执行中断服务程序。从中断服务程序第一条指令开始到中断返回指令为止,这个过程称为中断服务(或中断处理)。

由表 11-1 可见,80C51 的相邻中断源的向量地址相距只有 8 个单元(字节),一般的中断服务程序往往不只 8 个字节,通常在该地址处放一条跳转指令(AJMP 或 LJMP),这样可把中断服务程序安排在程序存储器的其他位置。

中断服务程序开始处,通常要保护软件现场,并在中断返回前恢复现场,以避免中断返回后寄存器内容丢失。

3. 中断返回

中断服务程序执行的最后一条指令是 RETI,其作用如下:

(1) 将断点地址从堆栈弹出送到 PC;

(2) 将相应优先级状态触发器清 0。

中断返回后,80C51 从断点处继续执行被中断的程序。

11.1.5　中断初始化及服务程序

中断是在主程序运行过程中随机发生的事件,无论是否允许发生以及如何发生,都应该预先设置,这就是中断初始化。下面以外中断 1 的初始化为例说明中断初始化过程,外中断 1 的中断服务程序入口地址是 000BH,中断服务程序的入口地址标号为 INT1,程序如下:

```
          ORG    0000H     ;复位入口
START：   LJMP   MAIN      ;跳转到主程序
          ORG    000BH     ;外中断 1 中断服务程序入口
          LJMP   INT1
          ORG    0030H     ;主程序
MAIN：    SETB   IT0       ;设置外中断 1 为下降沿触发
          SETB   EA        ;开放中断系统
          SETB   EX1       ;允许外中断 1
          SETB   PX1       ;设置外中断 1 高优先级,若不设置,默认为低优先级
          MOV    SP,＃03FH ;设置堆栈
          …
INT1：    PUSH   PSW       ;保护(软件)现场
          PUSH   ACC
          …
          POP    ACC       ;恢复现场
          POP    PSW
          RETI             ;中断返回
```

设置中断相关寄存器时,既可以使用寄存器名称,也可以使用寄存器地址,对某位的设置既可以直接用位操作指令,也可以用字节操作指令。如要设置外中断 1 为高优先级,

其他为低优先级，可以用字节操作指令，程序如下：

　　MOV　　IP，#01H

11.2　80C51 的定时/计数器

　　80C51 单片机内含 2 个定时/计数器：T0 和 T1，它们均可以工作于两种模式：定时模式和计数模式，T1 还可以作为串行口的波特率发生器。

11.2.1　定时/计数器的结构和工作原理

　　定时/计数器的结构如图 11-3 所示。80C51 的两个定时/计数器是 16 位的加 1 计数器，由图可见，每个定时/计数器由 2 个 8 位寄存器组成：T0 为 TH0 和 TL0，T1 为 TH1 和 TL1。定时/计数器有多种工作方式，由工作方式控制字 TMOD 设定。TCON（参照 11.1.3 节）用于控制定时/计数器的启动/停止，还可设置溢出标志，具体为：80C51 的计数器进行加 1 计数，当计数器为全 1 时，再输入 1 个计数脉冲，计数器回 0，同时产生溢出信号使 TCON 的 TF 位置 1，并向 CPU 发出中断请求。

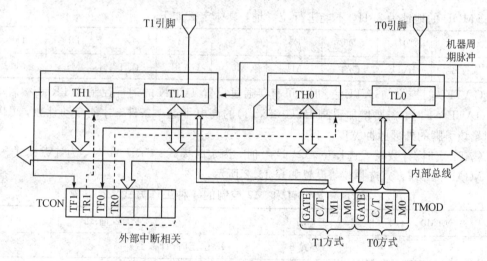

图 11-3　定时/计数器的结构

80C51 的定时/计数器可工作于定时模式或计数模式。

1. 定时模式

　　定时模式下，80C51 的定时/计数器从预先设定的计数初值开始，对机器周期进行计数，计数器计满溢出表示"定时时间到"，则定时时间＝计数值×机器周期。

2. 计数模式

　　计数模式下，80C51 的定时/计数器对外部事件进行计数，计数脉冲由 T0(P3.4)或 T1(P3.5)引脚输入，下降沿有效，即 80C51 在每个机器周期的 S5P2 采样 T0/T1 引脚输入的电平，当采样到高电平，且下一周期采样到低电平时，则计数器加 1。可见，检测计数脉冲需要 2 个机器周期，晶振频率为 12 MHz 时，计数脉冲频率应大于 2 μs，对应的计数频率应低于 0.5 MHz。计数器计满溢出表示"计数值已满"。

11.2.2　定时/计数器相关的控制寄存器

80C51 中与定时/计数器相关的控制寄存器主要有两个：定时/计数器控制寄存器（TCON）和定时/计数器工作方式控制寄存器（TMOD）。

1. TCON

TCON 的地址为 88H，位地址为 88H～8FH，与定时/计数器有关的是高 4 位，具体定义如下：

位地址	8FH	8EH	8DH	8CH	8BH	8AH	89H	88H
位符号	TF1	TR1	TF0	TR0				

TF0 和 TF1：定时/计数器（T0 和 T1）计数溢出标志位。计数溢出时，标志位自动（硬件）置 1，并产生定时中断请求。CPU 响应中断时，标志位自动（硬件）清 0。

TR0 和 TR1：定时/计数器（T0 和 T1）运行控制位。为 0 时，停止计数；为 1 时，启动计数。其值可由软件设置。

2. TMOD

TMOD 的地址为 89H，不能进行位寻址，具体定义如下：

	D7	D6	D5	D4	D3	D2	D1	D0
位符号	GATE	$C/\overline{T}$	M1	M0	GATE	$C/\overline{T}$	M1	M0

GATE：门控位。GATE=0 时，可直接通过设置 TCON 的运行控制位 TR=1，启动计数；GATE=1 时，需要增加引脚 $\overline{INT0}$（$\overline{INT1}$）的高电平这一条件，才能启动计数，可以用于测量该引脚的外部脉冲宽度。

$C/\overline{T}$：定时/计数模式选择位。$C/\overline{T}$=0 时，为定时模式；$C/\overline{T}$=1 时，为计数模式。

M1M0：工作方式选择位，设置如表 11.2 所示。

表 11-2　M1 和 M2 控制的 4 种工作方式

M1M0	工作方式	功 能 描 述
00	方式 0	13 位定时/计数器
01	方式 1	16 位定时/计数器
10	方式 2	8 位自动重装定时/计数器
11	方式 3	T0 分成两个独立的 8 位定时/计数器
		T1 停止计数

由表可见，T0 有 4 种工作方式，T1 只有 3 种工作方式（T1 在方式 3 停止计数）。

11.2.3　定时/计数器的工作方式

根据表 11-2，T1 和 T0 都有方式 0、1、2，两个定时/计数器的操作是完全相同的，不同之处在于使用了各自对应的控制位、标志位。

1. 方式 0

方式 0 是由 TH0（或 TH1）的 8 位和 TL0（或 TL1）的低 5 位组成的 13 位定时/计数器。

图 11-4 是 T0 在方式 0 时的逻辑电路结构。

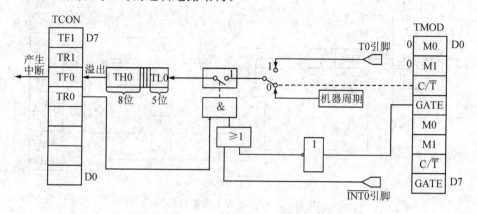

图 11-4 T0 方式 0 的逻辑结构

由图 11-4 可见，GATE=0，经反相后使或门输出为 1，此时若 TR0 为 1 使与门输出 1，控制开关闭合，开始计数；GATE=1，$\overline{INT0}$ 引脚输入 1，才能使或门输出 1，然后 TR0 为 1 时，才能使开关闭合，启动计数，即此时需要 $\overline{INT0}$ 和 TR0 共同控制启动计数。计数过程中，TL0 的低 5 位满溢出，则向 TH0 进位，TH0 溢出时，向中断标志 TF0 进位，同时申请中断。

当 $C/\overline{T}=0$ 时，T0 工作在定时模式，T_{CY} 表示机器周期，假设定时时间为 t，计数值为 N，则

$$N = \frac{t}{T_{CY}}$$

然后可以根据计数值求出应预设的计数初值 X，公式为

$$X = 2^{13} - N = 8192 - N$$

此外计数器的初值还可以采用求补法来计算。

【例 11-1】 若计数值 N 为 5，求计数初值。

（1）公式法：$X = 8192 - 5 = 8187 = 1FFBH$。

（2）求补法：先将 5 表示为 13 位的二进制数 0000000000101B，然后按位取反加 1，得 1111111111011B，即 1FFBH。

当 $C/\overline{T}=1$ 时，T0 工作在计数模式，对 T0 引脚上的输入脉冲进行计数。

【例 11-2】 若计数初值 X 为 7690，T0 工作在方式 0 时，寄存器应装入的初值是多少？

先将 7690 转换为十六进制数 1E0A，即二进制数 1111000001010B，则 TH0 中放入 11110000B（F0H），TL0 中放入 01010B（0AH）。

2. 方式 1

方式 1 是由 TH0（或 TH1）和 TL0（或 TL1）组成的 16 位定时/计数器，和方式 0 相比，除了计数位数不同外，工作原理基本一致。其逻辑电路如图 11-5 所示。

由于方式 1 是 16 位计数，则计数值 N 与计数初值 X 的关系为

$$X = 2^{16} - N = 65\,536 - N$$

当计数初值在 65 535～0 之间变化时，计数范围为 1～65 536。

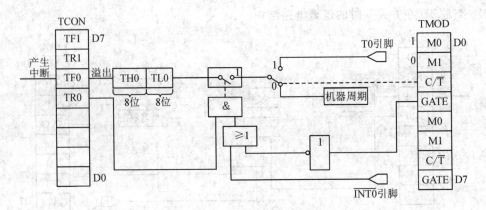

图 11-5 T0 方式 1 的逻辑结构

计数初值同样也可用求补法求出，只要将计数值转换为 16 位的二进制数，再求补。由于方式 1 的计数范围比方式 0 的大，所以方式 1 是更常用的工作方式。

【例 11-3】 若定时/计数器工作于方式 1，定时时间为 2 ms，当晶振为 12 MHz 时，求计数初值。

晶振为 12 MHz 时，T_{CY} 为 1 μs，则

$$N = \frac{t}{T_{CY}} = \frac{2 \times 10^{-3}}{1 \times 10^{-6}} = 2000$$

$$X = 2^{16} - N = 65\,536 - 2000 = 63\,536 = F830H$$

3. 方式 2

方式 2 为自动重装初值的 8 位定时/计数器，计数范围为 1~256，如图 11-6 所示。

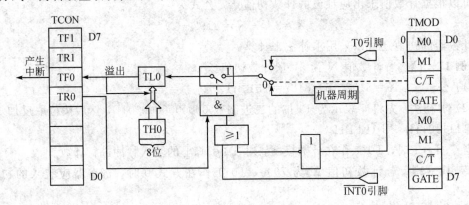

图 11-6 T0 方式 2 的逻辑结构

由图 11-6 可见，初始时，TH0 和 TL0 均装入 8 位初值。当 TL0 计满溢出时，向 TF0 进位，申请中断，同时 TH0 中的计数初值自动重新加载到 TL0 中，重新开始计数，此过程循环往复。

当工作于方式 2 时，计数值 N 与计数初值 X 的关系为

$$X = 2^8 - N = 256 - N$$

当计数初值在 255~0 之间变化时，计数范围为 1~256。

4. 方式 3

只有 T0 可以工作于方式 3，T1 若设置为方式 3，则停止计数。其逻辑电路如图 11 - 7 所示。

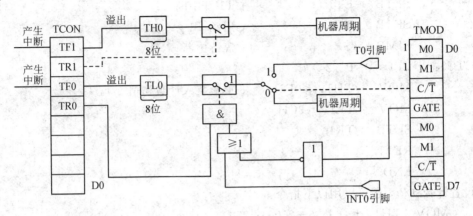

图 11 - 7 T0 方式 3 的逻辑结构

由图 11 - 7 可见，TH0 和 TL0 成为两个独立的 8 位计数器，TL0 的结构类似于方式 1，只有 8 位。TH0 只能工作在定时方式，并使用了 T1 的 TF1、TR1，通过 TR1 启动计数，TF1 作为溢出标志。

11.2.4 定时/计数器应用举例

80C51 定时/计数器的应用分为定时应用和计数应用，下面分别进行介绍。

1. 定时应用

(1) 定时时间在计数范围内。

在这种情况下，定时时间较短，使用一个定时器即能满足定时要求。由于方式 1 的计数范围最大，因此通常使用方式 1 完成定时任务。

【例 11 - 4】 利用定时/计数器 T1 工作在方式 1，产生 5 ms 的定时，并使 P1.2 引脚上输出周期为 10 ms 的方波。已知晶振频率为 6 MHz，要求采用中断方式。

T1 工作在方式 1，定时模式，方式控制字 TMOD 应设置为 00010000B 或者 10H。

晶振频率为 6 MHz，则 T_{cy} 为 2 μs，所以

$$N = \frac{t}{T_{cy}} = \frac{5 \times 10^{-3}}{2 \times 10^{-6}} = 2500$$

$$X = 2^{16} - N = 65\,536 - 2500 = 63\,036 = \text{F63CH}$$

程序如下：

```
          ORG     0000H
          AJMP    MAIN        ;跳转到主程序
          ORG     001BH       ;T1 的中断服务程序入口
          LJMP    CTC0
          ORG     0030H
MAIN:     MOV     TMOD,#10H   ;设 T1 工作于方式 1
```

```
          MOV    TH1,＃0F6H      ;装入计数初值
          MOV    TL1,＃3CH
          SETB   EA              ;开放中断系统
          SETB   ET1             ;T1 开中断
          SETB   TR1             ;启动 T1
          SJMP   $               ;等待中断
CTC0：    CPL    P1.2
          MOV    TH1,＃0F6H      ;重新装入计数初值
          MOV    TL1,＃3CH
          SETB   TR1
          RETI
          END
```

设置计数初值，还可以用以下指令：

```
    MOV   TH1,＃(65536－2500)/256
    MOV   TL1,＃(65536－2500)MOD 256
```

如果题目不要求使用中断方式，也可以采用查询方式，程序如下：

```
          ORG    0000H
          AJMP   MAIN            ;跳转到主程序
          ORG    0030H
MAIN：    MOV    TMOD,＃10H      ;设 T1 工作于方式 1
LOOP：    MOV    TH1,＃0F6H      ;装入计数初值
          MOV    TL1,＃3CH
          SETB   TR1             ;启动 T1
          JNB    TF1,$           ;TF1＝0,等待
          CLR    TF1             ;清 TF1
          CPL    P1.2            ;P1.2 取反
          SJMP   LOOP
```

（2）定时时间超出计数范围。

当定时时间较大，一个定时器无法满足定时要求时，可采用两种方法：

① 用一个定时器定时一定时间间隔（定时时间在其计数范围内），然后软件计数，以达到要求的定时时间。

② 将两个定时器级联，一个定时器产生周期性的定时输出（方波），送到另一个的计数脉冲输入引脚进行（硬件）计数，以达到要求的定时时间。

【例 11-5】　利用定时/计数器 T0 工作在方式 1，使 P1.5 引脚上输出周期为 2 s 的方波。已知晶振频率为 12 MHz，要求采用中断方式。

解题思路：要产生 2 s 的方波，需要定时时间为 1 s，这超出了一个定时器的计数范围，可以使 T0 工作在定时模式，定时 50 ms，然后计数 20 次，达到定时 1 s 的时间。

T0 工作在方式 1，定时模式，方式控制字 TMOD 应设置为 00000001B 或者 01H。

晶振频率为 12 MHz，则 T_{cy} 为 1 μs，所以

$$N = \frac{t}{T_{cy}} = \frac{50 \times 10^{-3}}{1 \times 10^{-6}} = 50\ 000$$

$$X = 2^{16} - N = 65\ 536 - 50\ 000 = 15\ 536 = 3CB0H$$

程序如下：

```
        ORG     0000H
        AJMP    MAIN            ;跳转到主程序
        ORG     000BH           ;T0 的中断服务程序入口
        LJMP    CTC0
        ORG     0030H
MAIN：   MOV     TMOD，#01H      ;设 T0 工作于方式 1
        MOV     TH0，#3CH       ;装入计数初值
        MOV     TL0，#0B0H
        MOV     R7，#20
        SETB    EA              ;开放中断系统
        SETB    ET0             ;T0 开中断
        SETB    TR0             ;启动 T0
        SJMP    $               ;等待中断
CTC0：   DJNZ    R7，NT0
        MOV     R7，#20
        CPL     P1.5
NT0：    MOV     TH0，#3CH       ;重新装入计数初值
        MOV     TL0，#0B0H
        SETB    TR0
        RETI
        END
```

2．计数应用

【例 11-6】　用定时器 0 以工作方式 2 实现计数，每计 100 次，累加器加 1，采用中断方式编程。

T0 工作在方式 2，计数模式，方式控制字 TMOD 应设置为 00000110B 或者 06H。

$$N = 100$$

$$X = 2^8 - N = 256 - 100 = 156 = 9CH$$

程序如下：

```
        ORG     0000H
        AJMP    MAIN            ;跳转到主程序
        ORG     000BH           ;T0 的中断服务程序入口
        LJMP    CTC0
        ORG     0030H
MAIN：   CLR     A               ;累加器清 0
        MOV     TMOD，#06H      ;设 T0 工作于方式 2
```

```
        MOV      TH0，#9CH        ；装入计数初值
        MOV      TL0，#9CH
        SETB     EA              ；开放中断系统
        SETB     ET0             ；T0 开中断
        SETB     TR0             ；启动 T0
        SJMP     $               ；等待中断
CTC0：  INC      A
        RETI
        END
```

思考与练习题

1. 80C51 有哪几种中断源？各中断源的中断服务程序入口地址是多少？各中断源在同级内优先级顺序是什么？

2. 80C51 定时/计数器有哪几种工作方式？请简述它们的特点。

3. 80C51 定时/计数器有哪两种工作模式？请简述它们的特点。

4. 试设计程序，利用定时/计数器 T0 从 P1.3 输出周期为 2 s，脉宽为 50 ms 的负脉冲信号，晶振频率为 12 MHz。

5. 试设计程序，要求从 P2.1 引脚输出 2000 Hz 的方波，晶振频率为 12 MHz。

6. P1 口接 8 个 LED，利用定时/计数器 T1 定时 1 s，使 LED 每 1 s 依次点亮一个 LED，循环点亮。设晶振频率为 12 MHz。

第 12 章　　80C51 的串行接口设计

本章介绍 80C51 的串行接口及其应用。

12.1　　80C51 的串行口

80C51 的串行口是一个全双工的通用异步接收器/发送器（Universal Asynchronous Receiver/Transmitter，UART），也可用作同步移位寄存器。

12.1.1　80C51 串行口的结构

80C51 串行口的逻辑结构如图 12-1 所示。

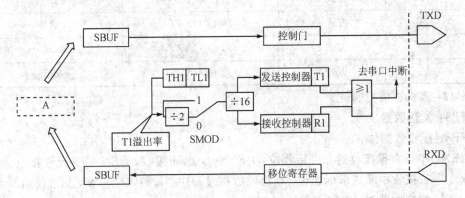

图 12-1　80C51 串行口的逻辑结构

由图可见，80C51 的串行口有一个发送寄存器 SBUF(TX)、一个接收寄存器 SBUF(RX)，它们物理上独立，却共用同一个寄存器地址 99H，在程序中统一使用 SBUF 来表示。

当向 SBUF"写"时，如 MOV SBUF，A，表示向 SBUF(TX)写入数据，并开始由 TXD 引脚向外串行发送数据。

当向 SBUF"读"时，如 MOV A，SBUF，表示从 SBUF(RX)读出数据送到累加器 A。

串行接收是双缓冲结构，从 SBUF(RX)一边读出数据的同时，串行数据也从 RXD 引脚一边送入移位寄存器，以避免数据接收过程中出现帧重叠错误，即接收下一帧数据时，还未读走前一帧数据。

在数据发送完毕时，SBUF(TX)变空，TI=1，然后发出中断请求；在接收数据时，如果 SBUF(RX)变满时，则 RI=1，然后发出中断请求。

定时器 T1 作为串行通信的波特率发生器，T1 的溢出率经过 2 分频（或不分频），然后再 16 分频，便得到串行发送或接收的移位时钟。

12.1.2 80C51 串行口的控制寄存器

80C51 串行口的控制寄存器包括串行口控制寄存器(SCON)和电源控制寄存器(PCON)。

1. 串行口控制寄存器 SCON

SCON 是串行数据通信的控制寄存器,其字节地址为 98H,位地址为 98H~9FH,具体定义如下:

位地址	9FH	9EH	9DH	9CH	9BH	9AH	99H	98H
位符号	SM0	SM1	SM2	REN	TB8	RB8	TI	RI

SM0、SM1:串行口工作方式选择位,可用于选择串行口的工作方式,如表 12-1 所示。

表 12-1 80C51 的串行口工作方式

SM0 SM1	工作方式	功能	波特率
0 0	方式 0	8 位同步移位寄存器	$f_{osc}/12$
0 1	方式 1	10 位 UART	可变
1 0	方式 2	11 位 UART	$f_{osc}/32$ 或 $f_{osc}/64$
1 1	方式 3	11 位 UART	可变

SM2:多机通信控制位。

TB8:发送数据位 8。

RB8:接收数据位 8。

REN:串行数据接收的允许接收位。REN=0,禁止接收;REN=1,允许接收。

RI:串行接收中断请求标志位。在接收数据过程中,每接收完一帧,标志位自动(硬件)置 1。CPU 响应中断时,必须由软件清 0。

TI:串行发送中断请求标志位。在发送数据过程中,每发送完一帧,标志位自动(硬件)置 1。CPU 响应中断时,必须由软件清 0。

2. PCON

PCON 的字节地址为 97H,与串行口有关的只有一位 SMOD,具体定义如下:

	D7	D6	D5	D4	D3	D2	D1	D0
位符号	SMOD							

SMOD:波特率倍增位。在串行口方式 1、2、3 时,波特率与 SMOD 有关。SMOD=1,波特率加倍;系统复位时,SMOD=0。SMOD 对波特率的影响可以参考图 12-1。

12.1.3 80C51 串行口的工作方式

80C51 的串行口有 4 种工作方式,下面分别进行介绍。

1. 方式 0

方式 0 是 8 位同步移位寄存器工作方式,可用于扩展并行口,这种方式下,数据从

RXD 端输入/输出，TXD 端负责输出串行移位脉冲。数据收发，低位在前，高位在后。波特率固定为 $f_{osc}/12$。

1) 数据输出

对 SBUF(TX)写入数据，就启动了串行口的发送过程。写入数据之后，经过一个 T_{cy}，数据依次由 RXD 端输出，同时 TXD 端输出移位脉冲。当最后一位数据送出后，中断标志 TI 置 1。如再发送下一个数据，必须先将 TI 软件清 0。数据输出时序如图 12-2 所示。

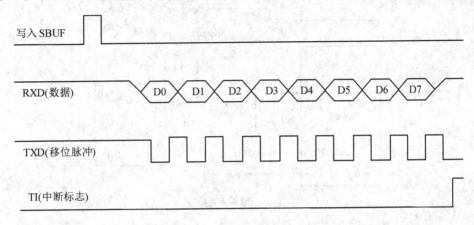

图 12-2 串行方式 0 数据输出时序

2) 数据输入

当串行接收允许(REN=1)，且 RI 为 0 时，就可以启动串行接口接收过程。数据依次由 RXD 端输入，同时 TXD 端输出移位脉冲。当接收完一帧数据后，系统自动将输入移位寄存器中的内容写入 SBUF(RX)，并使中断标志 RI 置 1。如再接收数据，必须将 RI 软件清 0。数据输入时序如图 12-3 所示。

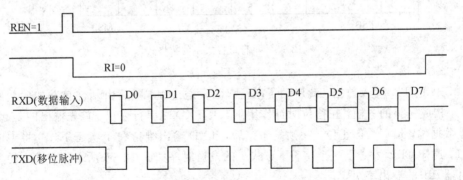

图 12-3 串行方式 0 数据输入时序

方式 0 用于扩展并行口，图 12-4 为方式 0 时分别扩展串行输出和输入的电路图。

2. 方式 1

方式 1 是 10 位数据的 UART，数据帧由 1 位起始位、8 位数据位和 1 位停止位组成，如图 12-5 所示。

在方式 1 时，TXD 为数据发送引脚，RXD 为数据接收引脚。

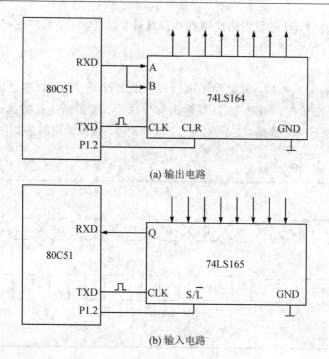

(a) 输出电路

(b) 输入电路

图 12-4　串行口方式 0 扩展并行口

图 12-5　串行口方式 1 的帧格式

1）串行发送

对 SBUF(TX)写入数据，就启动了串行口的发送过程，随后由硬件自动加入起始位和停止位，构成完整的一帧，在移位时钟作用下，由 TXD 端串行输出。首先输出的是起始位，然后是数据位，最后是停止位。一帧发送完后，TXD 输出维持在 1 状态下，并将中断标志 TI 置 1，通知 CPU 发送下一个字符。方式 1 的发送时序如图 12-6 所示。方式 1 的波特率由定时器 T1 的溢出率决定。

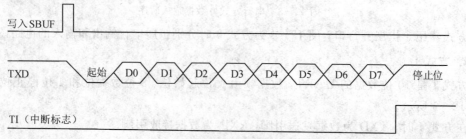

图 12-6　串行口方式 1 的发送时序

2）串行接收

当串行接收允许（REN＝1），且 RI 为 0，RXD 端采样到从 1 到 0 的跳变时，判断为接收到起始位，然后在移位脉冲控制下，把接收到的数据移入接收寄存器，直到停止位到来，将 8 位数据送入 SBUF，停止位送到 RB8，并置位中断标志 RI，通知 CPU 从 SBUF 中取走数据。方式 1 的接收时序如图 12－7 所示。

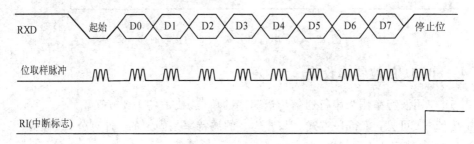

图 12－7 串行口方式 1 的接收时序

3. 方式 2 和方式 3

串行口方式 2 和方式 3 都是 11 位帧格式的 UART，由 1 个起始位、9 个数据位和 1 个停止位组成，帧格式如图 12－8 所示。

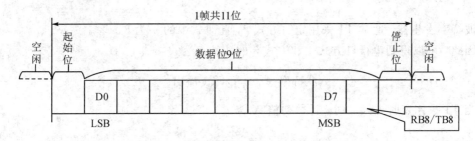

图 12－8 串行口方式 2、3 的帧格式

由图可见，这两种方式增加了第 9 位数据（D8），该位存放在 RB8（接收时）或 TB8（发送时），其功能由用户设定。

这两种方式除了位数不同，发送和接收的过程与方式 1 相同，时序如图 12－9、图 12－10 所示。

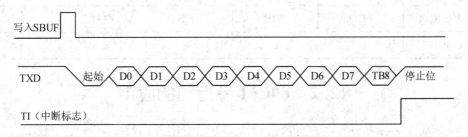

图 12－9 串行口方式 2、3 的发送时序

方式 2 和方式 3 主要用于多机通信。它们的主要区别是：方式 2 的波特率是固定的，为 $f_{osc}/32$ 或 $f_{osc}/64$，而方式 3 的波特率是可变的，由定时器 T1 的溢出率确定。

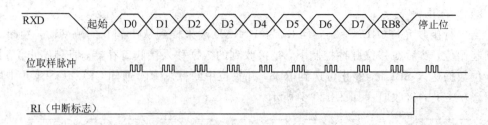

图 12-10　串行口方式 2、3 的接收时序

12.1.4　80C51 的波特率设定

80C51 使用波特率作为串行通信传送速率的单位。1 波特即 1 b/s。

由表 12-1 可见，串行口方式 0 和方式 2 的波特率是固定的，计算公式如下：

方式 0：波特率$=f_{osc}/12$

方式 2：波特率$=(2^{SMOD}/64)\times f_{osc}$

方式 1 和方式 3 的波特率是可变的，取决于定时器 T1 的溢出率，设 T 为 T1 计数溢出的时间周期，X 为计数初值，则 T1 的溢出率可表示为

$$T1\text{ 溢出率}=\frac{1}{T}=\frac{f_{osc}}{12\times(2^n-X)}$$

作为波特率发生器，通常 T1 采用定时方式 2，此时式中的 n 为 8。

因此，可以得到串行口方式 1 和方式 3 的波特率公式：

$$\text{波特率}=\frac{2^{SMOD}}{32}\times T1\text{ 溢出率}$$

当 T1 采用定时方式 2 时，计数初值 X 为

$$X=256-\frac{2^{SMOD}\times f_{osc}}{384\times\text{波特率}}$$

为减小计算误差，晶振频率选为 11.0592 MHz，表 12-2 给出了常用波特率与计数初值的关系，表中 T1 采用定时方式 2。

表 12-2　常用波特率与计数初值关系表

波特率/(b/s)	19.2k	9600	4800	2400	1200
计数初值 X	FDH	FDH	FAH	F4H	E8H
SMOD	1	0	0	0	0

12.2　80C51 串行口的应用

本节介绍 80C51 串行口的常见应用。

1. 并行 I/O 口扩展

80C51 的串行口工作在方式 0 下，可以扩展并行 I/O 口，图 12-11 是一个并行 I/O 扩展电路。

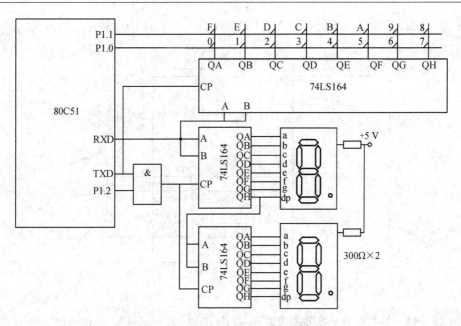

图 12 - 11　串行口的并行 I/O 口扩展电路

2. 单片机间的串行通信

80C51 单片机常应用于近距离的串行通信，其连接形式简单，只需将两端串行口直接连接即可进行数据通信，如距离较远，则需要采用 RS232C 接口进行连接，如图 12 - 12 所示。

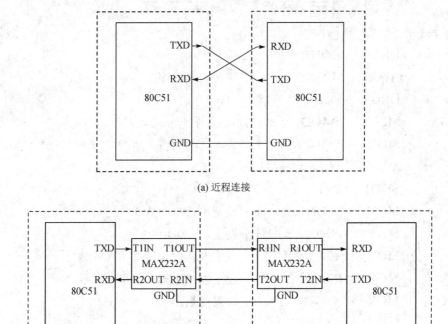

(a) 近程连接

(b) 远程连接

图 12 - 12　单片机间的串行通信

图 12 - 12 中采用了电平转换器 MAX232A，其与 80C51 的电路连接如图 12 - 13 所示。

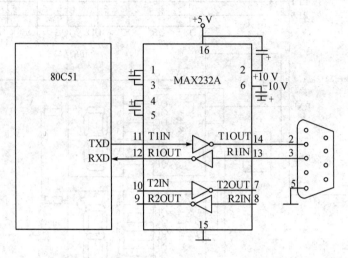

图 12 - 13 MAX232A 与 80C51 的电路连接

【例 12 - 1】 编写程序，实现将 80C51 片内 RAM 20H~3FH 中存储的 ASCII 码数据，在每个数据的最高位加上奇校验后通过串行口发送，晶振频率为 11.0592 MHz，波特率为 2400 b/s。

设定时器 T1 工作在方式 2，且 SMOD=0，则 T1 的计数初值为

$$X = 256 - \frac{2^{\text{SMOD}} \times f_{\text{osc}}}{384 \times 波特率} = 256 - \frac{11.0592 \times 10^6}{384 \times 2400} = 244 = \text{F4H}$$

程序如下：

```
        ORG     0000H
        AJMP    MAIN            ；跳转到主程序
        ORG     0030H
MAIN：   MOV     TMOD，#20H；T1 工作于方式 2
        MOV     TH1，#0F4H   ；装入计数初值
        MOV     TL1，#0F4H
        SETB    TR1             ；启动 T1
        MOV     SCON，#40H   ；设定串行口方式 1
        MOV     PCON，#00H   ；设定 SMOD=0
        MOV     R0，#20H      ；设定发送数据所在 RAM 地址
        MOV     R7，#32       ；设定发送数据的字节数
LOOP：   MOV     A，@R0        ；取发送数据
        CALL    TXBYTE          ；调用发送子程序
        INC     R0
        DJNZ    R7，LOOP      ；未发送完，重复
        …
```

```
TXBYTE：MOV     C，P          ；P 为 PSW 的 D0 位
                             ；当要发送的 ASCII 码"1"的个数为奇数时，P=1
        CPL     C
        MOV     ACC.7，C      ；数据最高位加上奇数校验
        MOV     SBUF，A       ；启动串行口发送
        JNB     TI，$         ；等待发送结束
        CLR     TI           ；清除中断标志 TI
        RET
```

同样可以设计一个把串行口接收到的带奇校验的 32 字节的 ASCII 码存入 80C51 片内 RAM 20H～3FH 单元的程序，波特率与串行发送相同，程序如下：

```
        ORG     0000H
        AJMP    MAIN         ；跳转到主程序
        ORG     0030H
MAIN：   MOV     TMOD，＃20H    ；设 T1 工作于方式 2
        MOV     TH1，＃0F4H    ；装入计数初值
        MOV     TL1，＃0F4H
        SETB    TR1          ；启动 T1
        MOV     PCON，＃00H    ；设定 SMOD=0
        MOV     R0，＃20H      ；设定接收数据所在 RAM 地址
        MOV     R7，＃32       ；设定接收数据的字节数
LOOP：   CALL    RXBYTE       ；调用接收子程序
        JC      ERR          ；C=1 时，说明接收的数据出错
        MOV     @R0，A
        INC     R0
        DJNZ    R7，LOOP
        ...
RXBYTE：MOV     SCON，＃50H    ；设定串行口方式 1，且 REN=1 允许接收
        JNB     RI，$         ；等待一帧数据接收完
        CLR     RI           ；清除中断标志 RI
        MOV     A，SBUF       ；取一帧数据
        MOV     C，P          ；将奇偶标志位的状态保存到 C 中
        CPL     C
        ANL     A，＃7FH       ；去掉奇校验码，得到 ASCII 码
        RET
ERR：    出错处理程序（略）
```

思考与练习题

1. 80C51 单片机串行口有哪几种工作方式？简述其特点。

2. 串行发送或接收数据时，应使用什么指令？

3. 异步串行通信中，帧格式为 1 个起始位、8 个数据位和 1 个停止位是方式几？

4. 若晶振频率为 11.0592 MHz，串行口工作于方式 1、波特率为 4800 b/s，T1（采用定时方式 2）作为波特率发生器，试计算计数初值，并写出方式字。

第 13 章　80C51 的模拟量接口

本章介绍 80C51 单片机的模拟量接口，主要包括 D/A 转换器和 A/D 转换器接口。

13.1　D/A 转换器及其与 80C51 接口

D/A 转换器常写为 DAC(Digital to Analog Converter，数/模转换器)，是一种把数字信号转换为模拟信号的器件。数字量由二进制位组成，每个二进制位都对应了位权，要把数字量转换为模拟量，就要先把数字量的每一位转换成对应的模拟量，再对模拟量求和，从而得到与数字量成正比的模拟量。

13.1.1　DAC0832

DAC0832 是分辨率为 8 位的 D/A 转换芯片，单电源供电(+5～+15 V)，电流建立时间 1 μs，采用 CMOS 工艺，最低功耗达到 20 mW。

DAC0832 内部由输入寄存器、DAC 寄存器、D/A 转换器及控制逻辑电路构成，其内部结构如图 13-1 所示。

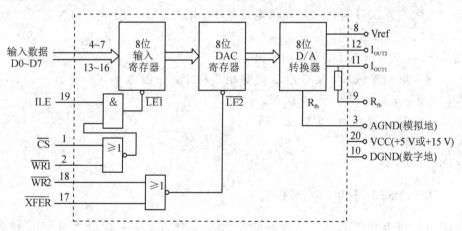

图 13-1　DAC0832 的内部结构

由图 13-1 可见，输入寄存器和 DAC 寄存器构成两级数据输入锁存。外部引脚输入通过逻辑门，产生 $\overline{LE1}$ 和 $\overline{LE2}$ 两个控制信号，当为负脉冲(下降沿)时，数据进入寄存器被锁存；当为高电平时，寄存器的输出跟随输入。这样可以根据需求，对数据输入采用直通、单缓冲和双缓冲 3 种工作方式。

DAC0832 的引脚如图 13-2 所示。

DAC0832 各引脚功能说明如下：

D0～D7：转换数据输入。

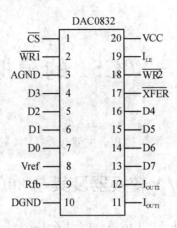

图 13-2　DAC0832 的引脚

$\overline{\text{CS}}$：片选信号输入端，低电平有效。

I_{LE}：输入寄存器选通信号，高电平有效。

$\overline{\text{WR1}}$：输入寄存器写控制信号，低电平有效。该信号与 ILE 共同控制输入寄存器，使其直通或锁存。

$\overline{\text{XFER}}$：数据传送控制信号（输入），低电平有效。

$\overline{\text{WR2}}$：DAC 寄存器写控制信号，低电平有效。该信号与 $\overline{\text{XFER}}$ 共同控制 DAC 寄存器，使其直通或锁存。

I_{OUT1}、I_{OUT2}：电流输出引脚。当 DAC 寄存器内容为 0FFH 时，I_{OUT1} 输出电流最大；当 DAC 寄存器内容为 00H 时，I_{OUT1} 输出电流最小。I_{OUT1}、I_{OUT2} 两个引脚为差动电流输出，一般 $I_{OUT1}+I_{OUT2}=$ 常数。

R_{fb}：反馈电阻引出端，接运放的输出。

V_{ref}：参考电压输入端，要求电压值要相当稳定，一般为 $-10\sim+10$ V。若 V_{ref} 接 $+10$ V，则输出电压范围为 $0\sim-10$ V。

VCC：电源电压，可为 $+5$ V 或 $+15$ V。

AGND：模拟地。

DGND：数字地。

13.1.2　DAC0832 与 80C51 接口

DAC0832 可工作于直通、单缓冲和双缓冲 3 种方式，下面分别介绍 3 种方式下 DAC0832 与 80C51 的接口。

1. 直通方式

在直通方式下，DAC0832 的 ILE 脚接 $+5$ V，片选 $\overline{\text{CS}}$、写控制 $\overline{\text{WR1}}$、$\overline{\text{WR2}}$ 及 $\overline{\text{XFER}}$ 信号均接地，则 LE1 和 LE2 两个控制信号恒为 1，外部输入的数据直接通过前两级寄存器送到 D/A 转换器。

2. 单缓冲方式

图 13-3 为单缓冲方式下的典型接口电路。V_{ref} 接 -5 V，则 I_{OUT1} 输出电流经运放得到

0～＋5 V 的电压。ILE 固定接＋5 V，两级寄存器的写控制 $\overline{WR1}$ 和 $\overline{WR2}$ 接 80C51 的 $\overline{WR}$ 端，$\overline{CS}$ 及 $\overline{XFER}$ 采用线选法译码接 80C51 地址选择线 P2.7，则输入寄存器和 DAC 寄存器的地址都为 7FFFH。当 80C51 对 DAC0832 执行一次写操作时，80C51 输出的数据锁存到 DAC0832 的输入寄存器和 DAC 寄存器，同时经 DAC 转换器转换。

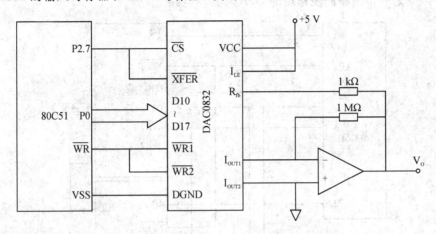

图 13 - 3　DAC0832 单缓冲方式接口电路

完成一次 D/A 转换，指令执行如下：

```
        MOV     DPTR，#7FFFH        ；指向 DAC0832（线选法，P2.7 为 0，其他不用
                                        的地址线设为 1）
        MOV     A，#DATA1           ；待转换数据送入累加器
        MOVX    @DPTR，A            ；完成一次写操作，启动 D/A 转换
```

【例 13 - 1】　试利用 DAC0832 与 80C51 接口，实现产生三角波的程序。已知三角波的最低值和最高值分别为 0 和 MAX。

电路设计如图 13 - 3 所示。

程序如下：

```
            ORG     0000H
            AJMP    MAIN                ；跳转到主程序
            ORG     0030H
MAIN：      MOV     DPTR，#7FFFH    ；指向 DAC0832
            MOV     R7，#0
NEXT1：     INC     R7
            MOV     A，R7
            MOVX    @DPTR，A
            CJNE    R7，#MAX，NEXT1
NEXT2：     DEC     R7
            MOV     A，R7
            MOVX    @DPTR，A
            CJNE    R7，#0，NEXT2
            JMP     NEXT1
```

3. 双缓冲方式

双缓冲方式常用于多路 D/A 转换时，同步进行 D/A 转换和输出。这种情况下，需要将输入锁存和 D/A 转换分两步完成，即分时输入待转换数据，然后同步转换输出。

图 13 - 4 是一个两路同步输出的 D/A 转换的电路。

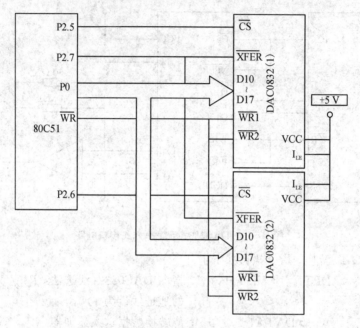

图 13 - 4　DAC0832 双缓冲方式接口电路

由图 13 - 4 可见，P2.5、P2.6 分别选择两路 D/A 转换器的输入寄存器，P2.7 接到两个 DAC0832 的 $\overline{\text{XFER}}$ 端，起同步控制转换的作用。80C51 的 $\overline{\text{WR}}$ 端与所有 DAC0832 的写控制 $\overline{\text{WR1}}$ 和 $\overline{\text{WR2}}$ 相连，执行 MOVX 指令时，即可启动转换过程。

执行以下指令，可以完成一次两路 D/A 的同步转换输出：

```
MOV    DPTR，＃0DFFFH      ;指向 DAC0832(1)
MOV    A，＃DATA1          ;装入 DAC0832(1)的待转换数据
MOVX   @DPTR，A           ;数据送 DAC0832(1)锁存
MOV    DPTR，＃0BFFFH      ;指向 DAC0832(2)
MOV    A，＃DATA2          ;装入 DAC0832(2)的待转换数据
MOVX   @DPTR，A           ;数据送 DAC0832(2)锁存
MOV    DPTR，＃7FFFH       ;同时启动两个 DAC
MOVX   @DPTR，A           ;完成 D/A 转换输出
```

13.2　A/D 转换器及其与 80C51 接口

A/D 转换器常写为 ADC(Analog to Digital Converter，模/数转换器)，是一种把模拟信号转换为数字信号的器件。

13.2.1　ADC0809

ADC0809 是 8 位逐次逼近式 A/D 转换器，其内部结构如图 13-5 所示。ADC0809 片内有 8 路模拟开关及相应的内部地址锁存与译码电路，可实现 8 路模拟信号分时采集，具有 8 位 A/D 转换器和三态输出锁存器等。ADC0809 的转换精度小于±1 LSB，时钟频率范围是 10～1280 kHz，典型值为 640 kHz，转换时间约为 100 μs，功耗为 15 mW。

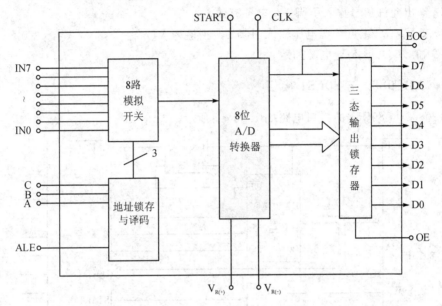

图 13-5　ADC0809 的内部结构

ADC0809 的引脚如图 13-6 所示。

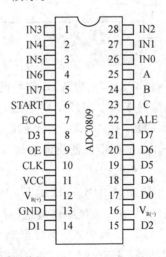

图 13-6　ADC0809 的引脚

ADC0809 各引脚功能说明如下：

IN0～IN7：8 个模拟输入引脚。

D0～D7：8 位数字量输出。

C、B、A：8 路模拟开关的通道地址选择输入端。当组合值为 000～111 时，分别选择通道 IN0～IN7。

ALE：地址锁存允许输入端。输入正脉冲时，A、B、C 三位地址码被锁存到内部地址锁存器并译码，选择模拟通道。

START：启动信号输入引脚。A/D 转换由正脉冲启动，其上升沿复位内部逐次逼近寄存器，下降沿启动 A/D 转换。

OE：输出允许信号输入引脚。高电平有效。

$V_{R(+)}$、$V_{R(-)}$：正负参考电压输入引脚。典型值为 $V_{R(+)} = +5 \text{ V}$，$V_{R(-)} = 0 \text{ V}$。

VCC 和 GND：+5 V 电源和地。

13.2.2　ADC0809 与 80C51 接口

ADC0809 与 80C51 的接口电路如图 13-7 所示。

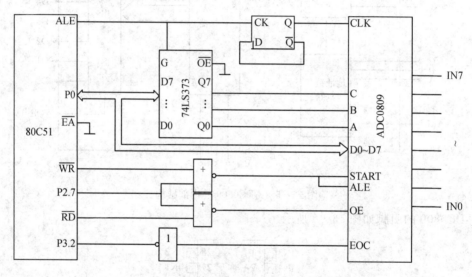

图 13-7　ADC0809 与 80C51 的接口电路

由图 13-7 可见，ADC0809 利用 80C51 的 ALE 信号提供工作时钟。ALE 信号的频率是 80C51 时钟频率的 1/6。若晶振频率为 6 MHz，则 ALE 信号频率为 1 MHz。ALE 信号经 D 触发器 2 分频后频率为 500 kHz，作为 ADC0809 的时钟信号。

80C51 的 P0 口输出经 74LS373 锁存得到低位地址信号，只需要低 3 位接到 ADC0809 的通道地址选择输入端。

P2.7 和 $\overline{\text{WR}}$ 经或非门输出正脉冲到 ADC0809 的 START、ALE 端，该正脉冲上升沿（前沿）可使 ADC0809 的 ALE 信号生效，锁存通道地址编码，并选择模拟通道；正脉冲的下降沿（后沿）使 ADC0809 的 START 信号生效，可以启动 A/D 转换过程。P2.7 和 $\overline{\text{RD}}$ 经或非门输出正脉冲作为 OE 开门信号，打开 ADC0809 的三态输出锁存器，转换结果可以从 D0～D7 经 P0 口传送到单片机。

ADC0809 的 EOC 端接 80C51 的 P3.2，转换开始后，EOC 输出低电平；转换结束后，EOC 输出高电平，可以作为查询或中断信号。

ADC0809 与 80C51 的接口常可以采用中断和查询两种方式。

【**例 13 - 2**】　ADC0809 与 80C51 的接口如图 13 - 7 所示。试采用中断方式编写程序，完成读取信道 IN1 的模拟量转换结果，并送至片内 RAM 中 30H 开始的连续单元中。

程序如下：

```
                ORG     0000H
                AJMP    MAIN            ;跳转到主程序
                ORG     0003H
                AJMP    INTR0
                ORG     0100H
MAIN：          MOV     R0, ♯30H        ;内存 RAM 首地址
                SETB    IT0             ;设置外中断 0 为边沿触发
                SETB    EA              ;开放中断系统
                SETB    EX0             ;允许外部中断 0
                MOV     DPTR, ♯7FF9H    ;指向 ADC0809 的通道 1
                MOVX    @DPTR, A        ;启动 A/D 转换
LOOP：          SJMP $                  ;等待中断
                AJMP    LOOP
INTR0：         PUSH    PSW             ;保护现场
                PUSH    ACC
                PUSH    DPL
                PUSH    DPH
                MOV     DPTR, ♯7FF9H    ;指向 ADC0809 的通道 1
                MOVX    A, @DPTR        ;读取转换后结果
                MOV     @R0, A          ;数据存入 RAM
                INC     R0              ;修改 RAM 指针
                MOVX    @DPTR, A        ;再次启动 A/D 转换
                POP     DPH             ;恢复现场
                POP     DPL
                POP     ACC
                POP     PSW
                RETI
```

【**例 13 - 3**】　ADC0809 与 80C51 的接口如图 13 - 7 所示。试采用查询方式编写程序，对 8 路模拟信号轮流采样一次，并把结果存到片内 RAM 中 30H 开始的连续单元中。

程序如下：

```
                ORG     0000H
                AJMP    MAIN            ;跳转到主程序
                ORG     0100H
MAIN：          MOV     R0, ♯30H        ;内存 RAM 首地址
                MOV     DPTR, ♯7FF8H    ;指向 ADC0809 的通道 0
                MOV     R7, ♯8H         ;得到通道数
```

```
LOOP: MOVX    @DPTR, A        ;启动 A/D 转换
WAIT: JB      P3.2, WAIT      ;查询是否转换结束
      MOVX    A, @DPTR        ;读取转换结果
      MOV     @R0, A          ;将转换数据存到 RAM 中
      INC     DPTR            ;指向 ADC0809 的下一个通道
      INC     R0              ;修改 RAM 指针
      DJNZ    R7, LOOP        ;判断 8 个通道是否转换完毕
```

此外，还可以采用软件延时的方法，每次启动转换后，延时 $100\ \mu s$ 以上的时间，然后直接读取转换结果。

思考与练习题

1. 根据图 13 - 3 所示的 DAC0832 电路图，分别编写实现产生正向和负向锯齿波的程序。

2. 使用 80C51 和 ADC0809 构成一个 8 路模拟量输入，采样周期为 1 s 的巡回检测系统。试画出电路连接图，并设计程序。

参 考 文 献

[1]　吴宁，乔亚男. 微型计算机原理与接口技术[M]. 4 版. 北京：清华大学出版社，2016.

[2]　徐晨，陈继红，王春明，等. 微机原理及应用[M]. 北京：高等教育出版社，2004.

[3]　刘立康，黄力宇，胡力山. 微机原理与接口技术[M]. 4 版. 北京：电子工业出版社，2010.

[4]　李全利. 单片机原理及接口技术[M]. 2 版. 北京：高等教育出版社，2009.

[5]　肖金球. 单片机原理与接口技术[M]. 北京：清华大学出版社，2004.

[6]　李广弟，朱月秀，冷祖祁. 单片机基础[M]. 3 版. 北京：北京航空航天大学出版社，2007.

[7]　赵德安. 单片机原理与应用[M]. 2 版. 北京：机械工业出版社，2010.